云想衣裳

中国民族服饰的风神

韦荣慧　著

北京大学出版社
PEKING UNIVERSITY PRESS

图书在版编目（CIP）数据

云想衣裳：中国民族服饰的风神 / 韦荣慧著 .
— 北京：北京大学出版社，2017.7
（幽雅阅读）
ISBN 978-7-301-28431-5

Ⅰ.①云… Ⅱ.①韦… Ⅲ.①民族服饰—中国 Ⅳ.
① TS941.742.8

中国版本图书馆 CIP 数据核字 (2017) 第 137421 号

书　　　　名	云想衣裳：中国民族服饰的风神
	Yunxiang Yishang
著作责任者	韦荣慧 著
策 划 编 辑	杨书澜
责 任 编 辑	魏冬峰
标 准 书 号	ISBN 978-7-301-28431-5
出 版 发 行	北京大学出版社
地　　　址	北京市海淀区成府路 205 号　100871
网　　　址	http://www.pup.cn　　新浪微博：@ 北京大学出版社
电 子 信 箱	zpup@pup.cn
电　　　话	邮购部 62752015　发行部 62750672　编辑部 62752824
印 刷 者	北京中科印刷有限公司
经 销 者	新华书店
	787 毫米 ×1092 毫米　A5　9.25 印张　166 千字
	2017 年 7 月第 1 版　2024 年 5 月第 2 次印刷
定　　　价	78.00 元

总序

幽雅阅读

北京大学副校长　吴志攀

　　一杯清茶、一本好书，让神情安静，寻得好心情。

　　躁动的时代，要寻得身心安静，真不容易；加速周转的生活，要保持一副好心情，也很难。物质生活质量比以前提高了，精神生活质量呢？不一定随物质生活提高而同步增长。住房的面积大了，人的心胸不一定开阔。

　　保持一个好心情，不是可用钱买到的。即便有了好心情，也难以像食品那样冷藏保鲜。每一个人都有自己高兴的方法：在北方春日温暖的阳光下，坐在山村的家门口晒晒太阳；在城里街边的咖啡店，与朋友们喝点东西，天南地北聊聊；精心选一盘江南丝竹调，用高音质音响放出美好乐曲；人人都回家的周末，小孩子在忙功课，妻子边翻报纸边看电视，我倒一杯清茶，看一本好书，享受幽雅阅读时光。

离家不远处，有一书店。店里的书的品位，比较适合学校教书者购买。现在的书，比我读大学时多多了；书的装帧，也比过去更讲究了；印书的用纸，比过去好像也白净了许多。能称得上好书者，却依然不多。一般的书，是买回家的，好书是"淘"回家的。

何谓要"淘"的好书？仁者见仁，智者见智。依我之管见，书者，拿在手上，只需读过几行，便会感到安稳，心情如平静湖面上无声滑翔的白鹭，安详自在。好书者，乃人类精神的安慰剂，好心情保健的灵丹妙药。

在笔者案头上，有一本《水远山长：汉字清幽的意境》，称得上好书。它是"幽雅阅读"丛书中的一本，作者是台湾文人杨振良。杨先生祖籍广东平远，2004年猴年是他48岁的本命年。台湾没有经过大陆的"文革"，中国传统文化在杨先生这一代人知识与经验的积累中一直传承下来，没有中断，不需接续。

台湾东海岸的花莲，多年前我曾到访过那里：青山绿水，花香鸟鸣。作者在如此幽静的大自然中写作，中国文字的诗之意境，词之意趣，便融入如画的自然中去了。初读这本书的简体字书稿，意绪不觉随着文字，被带到山幽水静之中。

策划这套书的杨书澜女士邀我作序，对我来说是一个机缘，步入这套精美的丛书之中，享受作者们用情感文字搭建的"幽雅阅读"想象空间。这套书包括中国的瓷器、书法、国画、建筑、园林、家具、服饰、乐器等多种，每种书都传达出独特的安逸氛围。但整套书之间，却相互融合。通览下来，如江河流水，汇集于中国古代艺术的大海。

笔者不是中国艺术方面的专家，更不具东方美学专长，只是这类书籍不可救药的一位痴心读者。这类好书对于我，如鱼与水，鸟与林，树与土，云与天。在生活中，我如果离开东方艺术读物，便会感到窒息。

中国传统艺术中的诗、书、画、房、园林、服饰、家具，小如"核舟"之精微，细如纸张般的景德镇薄胎瓷，久远如敦煌经卷上唐墨的光泽，幽静如杭州杨公堤畔刘庄竹林中的读书楼，一切都充满着神秘与含蓄之美。

几千年来古人留下的文化，使中国人有深刻的悟性，有独特的表达，看问题有特别的视角，有不同于西方人的简约。中国人有东方的人文精神，有自己的艺术抽象，有自己的文明源流，也有和谐的生活方式。西方人虽然在自然科学领域，在明清时代超过了中国。但是，他们在工业社会和后现代化社会，依然不能离开宗教而获得精神的安慰。中国人从古至今，不依靠宗教而在文化艺术中获得精神安慰和灵魂升华。通过这些可物化可视觉的幽雅文化，并将它们融入日常生活，这是中国文化的艺术魅力。

难道不是这样吗？看看这套书中介绍的中国家具，既可以使用，又可以作为观赏艺术，其中还有东西南北的民间故事。明代家具已成文物，不仅历史长，而且工艺造型独特。今天的仿制品，虽几可乱真，但在行家眼里，依然无法超越古代匠人的手艺。现代的人是用手做的，古代的人是用心做的。当今高档商品房小区，造出了假山和溪水，让居民在窗口或阳台上感受到"小桥流水人家"，但是，远在历史中的诗情画意是用精神感悟出来的意境，都市里的人难以重见。

现代中国人的服饰水平，有时也会超过巴黎。但是，超过了又怎样呢？日本人的服装设计据说已赶上法国，韩国人超过了意大利。但是，中国服装特有的和谐，内在的韵律，飘逸的衣袖，恬静的配色，难以用评论家的语言来解释，只能够"花欲解语还多事，石不能言最可人"。

在实现现代化的进程中，我们千万不要忽视了自己的文化。年近花甲的韩国友人对笔者说，他解释中国的文化是"所有该有的东西都有的文化"，美国文化是"一些该有的东西却没有的文化"。笔者联想到这套"幽雅阅读"丛书，不就是对中国千年文化遗产的一种传播吗？感谢作者，也感谢编辑，更感谢留给我们丰富文化的祖先。

阅读好书，可以给你我一片幽雅安静的天地，还可以给你我一个好心情。

2004 年 12 月 8 日于北大蓝旗营

自序

谁都知道，中国素有"衣冠王国"的美称，是一个有着数千年服饰文化历史的大国。

然而，说心里话，在走上服装研究和设计道路之前，我对服饰并没有太多的感触。

我只知道，很多民族的服饰是那样的美丽、那样的多彩，我从内心里喜欢它。

后来，我明白了，原来，每一个民族都是把自己的历史、文化、精神、习俗、宗教等等，写在自己的服饰中——无论是在蛮荒的远古，还是在社会日新月异的现代。

民族服饰，是一幅看不尽的画，一本读不完的书，一条不枯的河流，一个永恒的诱惑。

它打破了我做哲学家的梦，却给了我另一个惊喜。

但是，我会永远感谢我的专业——哲学。

时至今天，我还一直认为，哲学，除了使我受到思维逻辑的训练外，还让我得以用更深邃的目光来打量少数民族，审视少数民族的文化内涵和它那永远不可能被挖掘穷尽的价值。

我不会放弃对民族服饰的美的追求。因为，它已经成为我生命中不可或缺的一部分。

我国是一个多民族的国家，在960万平方公里的土地上，除汉族外，还生活着55个少数民族。他们在漫长的历史发展过程中创造了优秀的民族文化，其中包括绚丽多姿的服饰文化。

由于大多数少数民族聚居在边远地区，长期处于自然经济状态中，较少受外来文化的影响，所以其独具风格的服饰文化得以完好地保存下来。少数民族服饰以种类繁多的款式、特殊的面料质感、鲜艳夺目的色彩审美、精美绝伦的制作工艺和它蕴涵着的深沉凝重的文化内涵，在世界上独树一帜。

我庆幸，我看到了一个美的大海。

它的深邃、它的浩瀚、它的斑斓，震撼着我、吸附着我、牵引着我。

我无法摆脱它的诱惑。我贪婪地读着它，像读着一个个民族的历史，读着一个个民族的智慧。

为什么蒙古族妇女要将三四尺甚至更长一些的布或绸缎缠绕于头上，并将穗头垂下？

原来，是"一代天骄"成吉思汗于统一蒙古各部落之后，曾下令每个人都要罩以头巾，以表示头颅上飘有旌旗之角，希冀蒙古民族强大之精神常在。

为什么基诺族成年男子的上衣后背一般都绣有"孔明印"圆形图案？

原来，基诺族的祖先传说是诸葛亮（孔明）南征部队的成员，在途中休息时掉队，当他们再追上部队时，诸葛亮不再收留，但为了他们的生存，诸葛亮赐以茶种，让其种植，并让他们依照自己的帽子式样建房。后来，基诺人在服饰上绣上"孔明印"图案，就是为了纪念诸葛亮。

为什么傈僳族妇女的衣裙要用上百片各色布料精心设计剪裁缝制而成？

原来，古时在抵御外敌的战争中，首领们往往用彩布包着奖品，奖励有功的战士，获奖次数越多，得到的彩布越多。妇女们穿上"百布衣"，就是为了表达对作战亲人的思念，也是为了炫耀作战亲人的功绩。

为什么蕨基根是彝族服装的主要纹饰？

原来，蕨基根在彝族祖先的生活中占有重要位置，因为他们曾经靠蕨基根度过饥荒，蕨基根是他们的"救命草"。为了表示感恩之情，他们将蕨基根的形象绘于服装之上，让蕨基根永远与他们相随相伴。

为什么水族的上衣环肩、袖口以及裤脚等处都镶有花边？

原来，水族先民居住的崇山峻岭，森林茂密，杂草丛生，毒蛇出没。为了防御毒蛇的危害，一位叫秀的水族姑娘想出一个办法：用彩色丝线在衣领、袖口、襟边、裤脚以及鞋子绣上花边。果然，毒蛇看到这些花花绿绿的色彩，再不敢接近于人。

为什么德昂族妇女喜欢穿彩色横条纹的筒裙？

原来，远古时候，德昂族杀牛祭祀。三个姐妹帮忙按牛时，被杀伤的牛在地上挣扎，将牛尾上沾染的血甩到她们的裙子上。后来，她们各自按照裙上血迹的位置和颜色深浅织制了筒裙，从此流传至今。

……这些历史，让我感慨万千。

这些智慧，使我如醉如痴。

当我知道了这些"为什么"之后，我也知道了还有更多的"为什么"还没有答案。

那些答案，在等待着人们去研究，去解答。那些年，我每年都要挤出时间到少数民族地区考察、采风。

那是我最惬意的时候，最野心勃勃的时候。

那个时候，我就像走在一条长长的时间之路上。这条路，一头通着蛮荒，一头通着现代。

我在这条路上不知疲惫地走着，心，就在蛮荒和现代间游弋。

道路两旁，风光无限，新景叠出，看得我眼花缭乱，应接不暇。

在这个时候，我感到自己已经与广袤无垠的自然连成一个整体。

没有了时间，没有了空间，尘世间那颗浮躁的心也得到了栖息，只剩下心灵的艺术追逐。

我走着。

在与民族服饰一次又一次的零距离接触中，我知道了，中国的民族服饰，不但美，不但文化厚重，不但承载着历史信息，它还创造出了一系列的"世界之最"：最宽的裤脚；最短的裙子；最短的裤子；最小的帽子；最长的袍子；最重的衣服……

民族服饰，是民族文化的载体，亘古不变。

目
录

穿在身上的史书

苗族，是世界上最美丽的民族。

这不是我说的，是很多走近苗族、远望苗族的人说的。

中国著名画家乔十光也是说这番话的人之一。他那幅以苗族少女为表现对象的油画，就曾获过大奖。

我不清楚画家是否知道这个古老的民族背负重荷迁徙流浪的故事，那漫长的、为生存而跨江过海、翻山越岭的历史。这历史苦难、悲壮，充满了伤痛，充满了哀婉，也充满了刚毅，充满了智慧。

正是这苦难、悲壮的历史，让苗族如此美丽，更让苗族服装如此美丽。

穿在身上的史书

苗族服饰所凝聚的，是历史的记忆。

我的家乡在贵州省雷山县，苗族的神山雷公山就坐落于此。雷山县历来被称为中国苗族文化的中心地带；前些年，又被联合国教科文组织誉为"当今人类保存最完好的一块未受污染的生态文化净地"，"人类返璞归真、回归大自然的理想王国"；近年还被新闻媒体和旅游爱好者评选为"体验中国""十大最好玩的地方"之一。

我的童年，是在苗岭深处的达地乡的老街度过的。父母因工作忙，没有时间照料我，因而我在8个月大时就被送到了老街外公、外婆的家。

我在老街生活了8年。

在我的心目中，外公非常严厉。他是私塾先生。他最大的愿望，就是供我读书，学有所成。而爷爷则不同。爷爷的家上马路和老街隔着好几座山，他是寨子里有声望的长老。爷爷总是在老街的赶场天来看我。他总想给我制作一套苗族的银饰盛装，那可是我童年最盼望的事情啊。可是，我的外公却不同意。

我模模糊糊记得自己曾经参加过姑姑的婚礼。我特别羡慕她穿的那套银饰盛装，色彩那么艳丽，直勾人的眼睛。还有，那一件件白花花、亮闪闪的银饰，也简直漂亮极了。我不明白，为什

云想衣裳

穿在身上的史书

云想衣裳

么疼爱我的外公却不愿意我打扮得更漂亮一些。

在老街时，我经常听到有的小伙伴喊一些人是"苗子"。我虽然不知道这称呼的含义，但却知道这不是一个好的称呼。

有一天，我在家里念一首有关"苗子"的顺口溜时，外公突然严肃地对我说，你就是"苗子"！

我一下愣住了。

那时的我，虽然似乎隐隐约约地知道在老街上有着不一样的民族，他们有着不同的生活，穿着不同的衣服，说着不同的话语，但是，我不可能明白关于"民族"的含义和关于"苗族"的概念。

外公的话刺激了我。

我仿佛明白了，所谓"苗子"，实际上是对苗族的一种带有轻视和侮辱成分的称呼。

而我，就是苗族，就是"苗子"。

我幼小的心灵，受到了前所未有的震动。

那时，我强烈地怨恨我的汉族妈妈为什么嫁给了爸爸这个"苗子"。否则的话，我怎么也会成了"苗子"了呢？

我的汉族妈妈是在学校里认识我的苗族爸爸的。他（她）们先是自由恋爱；然后，又自由结婚；再然后，就有了我。

听说，生我那天，我的年轻的妈妈还从上马路赶去老街看我的外公外婆。在返回途中，妈妈经历了一场生死考验——因为差一点就要在半路上生下我。直到天黑以后，妈妈才总算忍着巨痛赶回家，被褥都没有来得及铺上，就把我生在草床上。包裹我的，是妈妈的嫁衣。

随着年龄的增长，我对"苗族"似乎有了一点朦朦胧胧的感觉，特别是在爸爸身上，感受到了这个民族的坚韧、朴实和乐观旷达。

  爸爸出生于一个普通的苗族农民家庭，18 岁参加了革命，23 岁就加入了中国共产党。爸爸辛劳了一生。他和妈妈一起，建立起了一个民族团结的家庭，并把四个子女都培养成大学生和共产党员。

  在我小的时候，爸爸没有为我讲述过苗族的历史。即使讲了，那时，我也不可能了解这个历经苦难以落后形式表现出自

己生存状态的民族。

19岁那年，我走出了老街，走出了大山，走进了中央民族学院也就是今天的中央民族大学这个少数民族的最高学府。

书本，为我送来打开苗族这扇大门的钥匙。

之后，当我有能力穿越时间的隧道，去追溯我的民族的源头，认识我的民族的先民，体会我的民族的历史时，我无时无刻不被它深深感动。

苗族的历史，实际上就是一部迁徙史。

古籍记载，苗族起源于 5 000 多年前的九黎部落。这个部落由 81 个氏族组成，居住地为黄河和长江中下游一带。专家曾有这样的评价，说苗族系"中国本部之主人，有史以前，曾占优势地位"。

九黎部落的首领蚩尤，便被视为苗族的先祖。

《逸周书·尝麦解》中记述了中华民族历史初始时期的一个故事：

> 昔天之初，诞作上后。乃设建典，名赤帝。分正上卿，名蚩尤。于宇少昊，以临四方。……上天未成之庆。蚩尤乃逐帝，争于涿鹿之阿，九隅无遗。赤帝大慑。乃说于黄帝，执蚩尤，杀之于中冀。以甲兵释怒，用大正，顺天思序，纪于大帝。邦名之曰：绝乱之野。

这一故事，记述了中国历史上开天辟地以来第一次著名的大战争——涿鹿大战的始末。

第一次读到这个故事时，我的心情是复杂的。我为我的先祖蚩尤的命运而扼腕：不就是蚩尤的命运，才决定了苗族的命运，注定了这个古老民族数千年的不幸？

云想衣裳

涿鹿大战，揭开了苗族大迁徙的序幕。

蚩尤兵败，战死冀州，九黎部落群龙无首，分崩离析，不得不向黄河以南迁徙。

不久，一个新的政权——三苗国，建立在江淮河湖地区。

《战国策·魏策》中有这样的话：

> 昔日三苗之居，左彭蠡之波，右洞庭之水。

然而，历史赋予这个民族的命运是悲惨的。

当苗族的先民们总算在相对理想的环境中有了一个休养生息、继续发展的机会，又相继遭到尧、舜、禹的长期征伐，最终，三苗被迫迁徙到江西、湖南的崇山峻岭中。至秦汉时期，已基本集中在武陵五溪地区。

大约从公元 3 世纪起，武陵五溪地区的苗族先民又开始了较大规模的迁徙。他们大部分沿乌江西行，进入贵州、云南、四川等地。而那些未参加迁徙或未完全参加迁徙而留在中原的苗族先民，早已融入汉族之中。

一位国外的民族学家曾经说过这样的话："世界上有两个苦难深重而又顽强不屈的民族，他们是中国的苗族和分散在世界各地的犹太族。"

我的眼前，常常出现那个异常悲壮的场景：

在浓浓的阴云下，在萧萧的寒风里，我的苗族先民成群结队，扶老携幼，带着心灵上的巨创和精神上的重荷，眼含热泪、一次又一次地告别自己辛勤建造的家园，踏上向西向南的艰辛之路。在苦苦的、长长的跋涉中，他们或许不知道究竟还会有什么苦难和不幸在前方等待着他们，但是，他们肯定知道，他们会直面苦难和不幸——因为，任何苦难和不幸都不可能摧垮他们顽强的生命力！

苗族古歌唱道：

　　我们离开了浑水

　　我们告别了家乡

　　天天在奔跑

　　日日在游荡

　　哪里才能生存啊

　　哪里是落脚的地方

这是从流淌着血的心的深处流淌出来的歌声。听到这样的歌声，有谁能不为之动容？

然而，令人动容的，又不仅仅是悲伤。

即使是最悲伤的时刻，苗族先民们也没有放弃对生活的眷恋、热爱和对美的歌颂、追求，没有放弃为昨天、为历史留下永恒的见证：

让我们摘下路边的野花

插在姑娘的头上

让我们割下树浆

染在阿嫂的衣上

让我们把涉过的江河

画在阿妈的裙上

不要忘记这里有过我们的胎盘

时刻记住祖先用汗水浇过的地方

我们走一步望一步

望着江普这宽广的地方

平整整的土地一丘连一丘

多可惜的地方啊

一定要留下个纪念

穿在身上的史书

穿在身上的史书

照田地的样子做条裙子穿

把江普的瓦房绣在衣裳上

我可爱的家乡江普啊

绣上花衣裙子永远叫子孙怀念

　　在林林总总的苗族服饰中，有一种叫做"兰娟衣"的女装。其来历，有这样的传说，说兰娟是古代的一位苗族女首领，在带领苗族同胞南迁时，为了记住南迁的历程，想出了用彩线记事的办法。离开黄河时，她在自己的左袖子上用黄丝线缝上一根黄线；渡过长江时，她在右袖子上绣上一根蓝线；渡过洞庭湖时，她在胸口处绣上一个湖泊状图案。以后，每渡一条河，每翻一座山，她都要在衣服上缝下记号。记号越来越多，竟然从领口一直缝到裤脚，密密麻麻，陆离斑驳。后来，她的女儿要出嫁了，她按照所记的符号，重新用各种不同的彩线，精心绣制出一套特别精巧漂亮的女装，作为女儿的嫁衣。"兰娟衣"从此流传开来。

　　就这样，苗族把自己民族的千载传奇和先辈的蹉跎岁月，把自己的历史、文化和民族精神，把自己的苦难、回忆和缅怀，都"写"在了自己的服饰上。

　　就这样，在没有文字的情况下，苗族同胞"以针为笔、以线为墨、以布为纸"，让自己的服饰承担了其他任何服饰都不能够承担的沉重使命，并最终让它变成了一部穿在身上的史书。

反映历史，是苗族服饰最大的文化内涵。

有专家做出这样的评价：

> ……没有文字的苗族，在凝固于服饰上的花纹图案中找到了自己特殊的文字。苗族服饰图案充分地展示了它本身文字文化的史料价值，因此，说它是一种象形文字也不为过。

我以为，这样的评价同样也是不为过的。

在贵州的黔中地区，流行着饰有江河图案的裙子。一种被称为"迁徙裙"的，一般为老年妇女所穿，它的裙面有81根横线，分为9组，每组9小条。当初，蚩尤所统率的九黎部落有81个氏族，当地人自称就是这81个氏族中的其中一个氏族的后裔，由于长时间远距离的迁徙，这一支系就在裙面上绣制81根横线，以示不忘族源。一种"三条母江裙"，裙面绣染有三大条横线，代表其祖先迁徙经过的黄河、长江和嘉陵江。"七条江裙"则为纪念祖先迁徙中所跋涉的七条仅次于黄河、长江的河流。

在黔东南地区，苗族妇女都要在花色衣裙的披肩和褶裙沿的图案中锈上两道彩色镶边的横条花纹，其象征意义同样也是黄河和长江。

广泛流行于苗族地区的"骏马飞渡""江河波涛"等图案，更凝聚着苗族人民巨大的心理容量和强烈的感情色彩。

"骏马飞渡"的主题依然是迁徙。花边的底色代表一条洪水滔滔的大河——苗语叫做"埋迈埋清"（浑水河之意，即黄河），花边图案由无数个代表马的花纹组成，相互连成一片，横贯在河水之中，表示万马飞渡黄河。马的两边，又有用红、蓝、黄、橙、紫各种颜色的丝线挑绣而成的无数个代表山的三角形或塔形花纹，重重叠叠地排列在一起，表示崇山峻岭。

"江河波涛"图案中，有两条白色横带，表示黄河、长江。带中有一些细小的星点，花纹隐约可见，北岸是较小的山坡，南岸是一组似乎是人乘着船进行划渡的图案，据说是代表"洞庭湖"。此外，南岸还有一条小路和一排松树，象征苗族经过千辛万苦迁徙来到林木茂密的西南山区。

其实，只要走进苗寨，反映苗族历史的图案随处可见。

苗族服饰中，有一种叫做"背牌"的背部装饰件，苗语称为"劳搓"，形状是横的长方形，工艺以刺绣为主，纹样为回环式方形纹，非常像一座城池的平面图。当地的苗族同胞会很认真地告诉你，这就是苗族先祖曾经拥有过的城市。甚至哪里是城墙，哪里是街道，哪里是角楼，哪里是蚩尤祖先的指挥所，他们都会说得清清楚楚。

苗族妇女的百褶裙，其裙边和裙腰一般都有约两厘米宽的蜡染几何纹，间为白地，白地上有回环绳辫纹及平行线段。百褶裙的主人会告诉你，中间那叠压并行的三条布条分别代表黄河、平原和长江，而白地则象征着清静的天空——那些，都是他们曾经的家园。

我曾经久久地驻足于一件绣有牡丹花图案的湖蓝色的苗族服装前——我知道，这服装上的湖蓝色所表达的，一定就是苗族先祖曾经生活过的中原地区一望无际的田野或湖泊，而在服装上绣上苗族今天的家乡并不生长的美丽的牡丹花，肯定就是用来纪念他们辉煌的先辈们曾经是中原文化的拥有者——虽然现在他们已经远离了中原。

每逢这样的时刻，我的心就会倏然一颤。

苗族服饰图案所表现的，并不仅仅是久远的过去。1855 年，苗族地区爆发了以张秀眉为领袖的苗族农民起义，反抗清政府的压迫与剥削。此次起义一直坚持到 1872 年。百年之后，在民间仍能发现绣有反映当时张秀眉起义情形图案的女装，有的图案场面恢弘阔大，仅人物就多达近百个。

当然，苗族服饰图案所反映的，不可能是具体的史实，只

能是对重大历史事件和重要片段的一种朦胧的记忆。但是，它毕竟承载了苗族的史迹，完全可以当做一部卷帙浩繁的史书来读。

我曾读到过这样一首诗：

绣山绣水绣日月

绣风绣雨绣雷电

绣人绣情绣春秋

绣家绣园绣乾坤

奇妙的图案与符号

密密麻麻

匪夷所思

谁与破译

　　有专家指出，苗族服饰中那些"凝固历史"化的图案的创制和传袭，起初无疑具有明确的功利目的：既是祖先辛酸屈辱的历史见证，又是日后返回故土的路标；后来，严酷的现实使回归故里的希望不再，其功利目的渐为思想意义所取代，变为对本民族历史的展示与传承。

　　我作为苗族中的一员，对此有切身感受。

　　我以为，正因为如此，苗族才更显得美丽和伟大。

　　苗族有一种风俗，就是老人去世后，必须要穿上绣有传统图案的寿服。

　　在苗族的观念里，人死后，只有穿上这种衣服，才能被祖先所承认，灵魂也才能回到祖先居住的地方。

　　那是壮丽而神圣的"还乡"！

惊鸿一瞥写春秋

　　一只受天命而生的苍色的狼与一只惨白色的鹿，在位于斡难河河源的不儿汗山下结合，生下一个男孩。这个叫巴塔赤汗的男孩，就是蒙古族的祖先。

　　这是蒙古族的一个古老而美丽的传说。

　　不儿汗山，是今天的肯特山。

　　我没有去过肯特山，只欣赏过它的风光照片。那可是一个容易让人激动的地方，湛蓝的天空白云飘舞，褐色的群山逶迤连绵，绿色的草原广阔无际。当这片沉睡了不知多少年的美丽的土地出现巴塔赤汗第一声响亮的啼哭，一幕历史大剧已经有了前奏。

蒙古族，正是从这里走来。

蒙古族的先民，自古以来就生息在我国北方辽阔的草原、森林地带，固有"毛毡帐裙的百姓"之称。

关于蒙古族族源，有两种观点：一是匈奴族系说，二是东胡族系说。

历史上，东胡族系一直居于内蒙古东部地区的疆域内，考古发现东胡人为蒙古人种，其后裔为乌桓、鲜卑、柔然等。他们有共同的语言、基本相同的生活地域及相似相通的风俗习惯，这些要素与13世纪后的蒙古民族有着较为明确的历史继承关系。因此，东胡族系的蒙古族族源说是国内一些著名蒙古史学家力主的观点。

如果此观点不谬，那么，"胡服骑射"，应该是蒙古族先民对中华民族服饰交会遇合的一个贡献了。

那是一个服装界耳熟能详的故事。

战国时期，赵国的武灵王即位后，在面临周边国以及北方东胡、楼烦等少数民族的军事威胁下，立志于富国强兵。当时，赵国人普遍穿"深衣"，上衣与下裳连为一体，长至足踝，而且下摆不开衩口，显然不便于骑射。而当时的"胡服"，则是短上衣，长裤子，再配以靴子，适合在疆场驰骋。

武灵王决心引进"胡服"。

然而，他的决策，遭到公子成的反对：

　　臣闻中国者，盖聪明徇智之所居也。万物财用之所聚也，贤圣之所教也，仁义之所施也，诗书礼乐之所用也，异敏技能之所试也，远方之所观赴也，蛮夷之所义行也。今王舍此而袭远方之服，变古之教，易古之道，逆人之心，而怫学者，离中国，故臣愿王图之也。

武灵王是这样回答的：

夫服者，所以便用也；礼者，所以便事也。圣人观乡而顺宜，因事而治礼，所以利其民而厚其国也。夫剪发文身、错臂右衽，瓯越之民也；黑齿雕题、却冠秫绌，大吴之国也。故礼服莫同，其便一也；乡异而用变，事异而礼易，是以圣人果可以利其国，不一其用；果可以便其事，不同其礼。儒者一师而俗异，中国同礼而教离，况于山谷之变乎？故去就之变，智者不能一；远近之服，贤圣不能同。穷乡多异，曲学多辨。不知而不疑，异于己而不非者，公焉而众求尽善也。

这是两段非常精彩的对话。

对公子成的话，鲁迅先生曾有过评论："这不是与现在的阻抑革新的人的话，丝毫无异吗？"

其实，这两段对话所阐发的意义，已经远远超出了服饰的本身。

惊鸿一瞥写春秋

公元前 307 年，武灵王发出服胡服令。

中国的服装史，从此有了最光辉的一页。

据有关资料记载，公元 7 世纪以前，蒙古族先民与其他北方民族一样，多"纵体拖发"。7 世纪时，"衣白鹿皮襦裤"，衣饰原料主要来源于兽皮和牲畜皮毛。此后，随着活动范围的扩大，与北方和中原各民族的接触日益增多，交往日渐频繁，纺织品开始走进他们的生活，从而打破了原有装束特点，逐渐形成了适合于游牧、狩猎的服饰习俗。

统一的蒙古民族形成于 13 世纪初叶。公元 1206 年，伟大的军事家、政治家成吉思汗，率部统一了蒙古高原的各个部落，结束了北方草原部落割据的历史，建立了大蒙古国，至此，形成了统一的蒙古民族。

从公元 1219 年起，成吉思汗率大军西征，先后建立了横跨欧亚的窝阔台、察合台、钦察、伊儿四大汗国。

公元 1220 年，成吉思汗发出诏书，邀请知名汉人丘处机来蒙古草原相见，目的是请教延年益寿的方法。丘处机系道教革新派——全真教真人，曾从王重阳真人为师，于宁海昆仑山学习全真教，是重阳 7 个徒弟——也称七真人——中的出类拔萃者。师傅死后，他曾隐居 13 年，潜心修行，晚年回到家乡山东登州。

惊鸿一瞥写春秋

云想衣裳

金朝、宋朝都曾向他发出邀请，均遭拒绝。而在成吉思汗虔诚之辞的感动下，他接受邀请，毅然带领 19 位徒弟，千里迢迢赶往成吉思汗西征大营。

《丘处机西游记》中，记载了当时蒙古民族的服饰状况：

> ……从此以西渐有山阜，人烟颇众：亦皆以黑车白帐为家。其俗牧且猎，衣以韦毳，食以肉酪，男子结发垂两耳。……妇人冠以桦皮，高二尺许，往往以皂褐笼之，富者以红绡，其末如鹅鸭，名曰故故，大忌人触，出入庐帐须低徊。

伴随着蒙古民族的统一，13 世纪，蒙古民族的服饰也已基本成定制。"上至成吉思汗，下及国人，皆剃三搭头。"所谓"三搭头"，是将头顶四周的头发剃去，留当前发而剪短散垂，将两旁头发绾作两髻，垂而悬之于左右肩，或将发合为一辫，拖垂于背后。妇女结婚后，也要剃光头顶之间至前额的头发，然后把两边剩余的头发编成两条辫子，垂于耳后两侧。男女均以长袍为主。戴帽和佩挂首饰也已经成为人们的习惯。

蒙古族"袱头"的习俗，传说就始于成吉思汗时期。成吉思汗统一蒙古各部落之后，曾向属下百姓下过一道命令，就是要求每一个蒙古人都要在头上罩一块头巾，以表示头颅上飘有旌旗之角，希冀民族强大之精神常在。"袱头"的包法，一般是将三四尺甚至更长一些的布或绸缎缠在头上，其缠法是由后至前缠几圈，最后把头巾两头垂下，左右各一，因此，"袱头"又称"垂巾袱头"。至今，内蒙古牧区的妇女仍然保留着这种做法，不过包法已有少许改变。姑娘一般将头巾缠绕后，在右侧挽一个结，将穗头垂下；已婚妇女则多用头巾包住头顶，缠一圈，不留穗。

公元 1227 年，一代天骄成吉思汗逝世。他的后人继续着他未竟的事业。

就在蒙古铁骑继续驰骋疆场之时，一个叫加宾尼的西方传教士来到蒙古草原。他的目光，盯在了蒙古人 13 世纪的衣着上：

> 男人和女人的衣服是用同样的式样制成的。他们不使用短斗篷、斗篷或帽，而穿用粗麻布、天鹅绒或织锦制成的长袍，这种长袍……从上端到底部是开口的，在胸部折叠起来；在左边扣一个扣子，在右边扣三个扣子，在左边开口直至腰部。各种毛皮的外衣样式都相同；不过，在外面的外衣以毛向外，并在背后开口；它在背后并有一个垂尾，下垂至膝部。已经结婚的妇女穿一种非常宽松的长袍，在前面开口至底部。

惊鸿一瞥写春秋

云想衣裳

惊鸿一瞥写春秋

　　此次蒙古之行，加宾尼有幸参加了元定宗贵由汗的即位大典。就在这次大典上，他发现了一种更具特色的服装。

　　这种服装的名字叫"质孙服"。

　　那年，是公元 1246 年。

　　"质孙"，是蒙古语的音译，意为"颜色"；另有称"诈马"的，是波斯语的音译，意为"外衣"。

　　质孙服为参加蒙古宫廷活动的专门服装。这是上衣与下裳相连接的一种袍服，衣式比较窄，腰间做出无数细密的褶皱。制

云想衣裳

惊鸿一瞥写春秋

作"质孙服"的衣料十分考究，最受欢迎的，是一种色彩鲜明、花纹富丽的来自中亚的叫做"纳石矢"的锦缎，系用金线和丝织成；此外，还采用从西方传入的波斯式金缎、细毛呢等。有的还要使用贵重的紫貂、银鼠、白狐等皮毛。质孙服上面普遍镶嵌着各种珠宝，最讲究的甚至是用大粒的珍珠缀结而成。质孙服是衣、帽、腰带、靴子配套的。就连帽子上镶嵌的宝石也有红宝石、绿宝石、蓝宝石、猫眼、绿松石等几十种。

官员、近侍、乐工等人的质孙服由皇帝赐给。穿质孙服参加的宴会，称为"质孙宴"。

"质孙服"最奇特之处，就是同一天之内，人们所穿质孙服的颜色必须相一致，而且每一天都要更换，不能有重复。试想，今日金光盈门，明日银辉满堂，那该是一个何等壮观的场面。由于每日要换一次衣服，所以皇帝、贵族、大臣的"质孙服"都要有多套。

据《元史》记载，皇帝冬季"质孙服"有 11 种，夏季"质孙服"有 15 种；官员冬季"质孙服"有 9 种，夏季"质孙服"有 14 种。

笠帽，也是 13 世纪蒙古族特有的服饰。这种帽子有一圈宽檐和半球状的圆顶，与近现代士兵所戴的钢盔有些相似，宽檐均为硬檐，帽顶缀有一串玉石珠子。据说，元世祖忽必烈的皇后曾亲自对这种笠帽进行了改造，帽檐变大，且前半边为硬帽檐，

后半边为软帽檐，这样既能遮蔽阳光，戴起来也比较舒服。皇后为忽必烈专门设计的这种笠帽，使忽必烈大为高兴。后来，忽必烈专门命令把它作为正式式样，让全国效仿。

蒙古族还有一种四方形的笠帽，有人称为"瓦棱帽"，系用四个大小相同的梯形毡片缝成帽身，上面再加缝一个帽顶。这种帽子流传也十分广泛。

不过，蒙古族最具特色的冠帽，当属"顾姑冠"。

"顾姑"，也是蒙古语的音译，有多种写法，如"罟罟""故故""故姑""固姑"等，是蒙古族已婚妇女所戴的冠帽。"顾姑冠"高两三尺，用纸筒、竹筒或桦树皮制成，呈现一种上大下小的长筒形。筒外包着鲜艳的丝绸、纱布或丝绒，缀有花朵、珠子等饰件，并插上孔雀毛。台湾故宫博物院珍藏有忽必烈皇后彻伯尔的画像，就戴着"顾姑冠"，冠用红、黑两色的织锦制成，顶上缀满珍珠。在耸起的高冠上用珠宝嵌成花饰。左右两侧还悬挂着大颗珍珠制成的珠宝串。"顾姑冠"随妇女身份的高低而不同。一般妇女的"顾姑冠"用粗毛织物制作，冠顶的装饰也比较简单，有的只是插上两支野鸡的羽毛。

由于"顾姑冠"式样的特别，蒙古族入主中原后，引起普遍的注意，被中原人和江南人视为奇观。更有许多文人墨客为"顾姑冠"写下优美的诗句，比如：

> 香车七宝顾姑袍，
>
> 旋摘修翎付女曹。
>
> ——杨允孚：《滦京杂咏》
>
> 双柳垂鬟别样梳，
>
> 醉来马上倩人扶。
>
> 江南有眼何曾见，
>
> 争卷珠帘看顾姑。
>
> ——聂碧牕：《咏北妇》

惊鸿一瞥写春秋

元亡以后，部分蒙古族回到蒙古草原。公元 1571 年，蒙古族统治者俺答汗与明朝言和。10 年后，俺答汗和他的妻子三娘子修建了呼和浩特城。

三娘子也曾留下过自己的画像，那也是一个戴着"顾姑冠"的形象，说明直到明朝末期，"顾姑冠"仍然在蒙古族地区流行。

公元 1271 年，忽必烈完成了成吉思汗未竟的事业，建立了元朝，次年定都大都（今北京），公元 1279 年灭南宋，统一了全中国。其疆域北到今西伯利亚，南临南海，东北至今乌苏里江以东，西南包括今云南，疆域规模空前辽阔，为统一的多民族国家打下了基础。

元朝建立后，并没有把蒙古族服饰原封不动地搬到中原，强迫异民族进行彻底的改装易服。虽然起初曾下令汉人剃发为"三搭头"，改为蒙古族装束，但从总体上讲，元代服饰既承袭了汉族服饰，又保存了蒙古族衣制。

据史料记载，元朝建立后的第二年，右丞相伯颜曾专门遣人入宋宫，将宋代的衮冕、圭璧、符玺及图籍、仪仗等取出，这说明元朝对宋代文化持一种容忍甚至是学习借鉴的态度。

在元代，"质孙服""顾姑冠""笠帽"等具有蒙古族鲜明特色的服饰继续流行。元代曾有"骏笠毡靴搭护衣"的诗句，

是对元代男子衣着的写照。所谓"搭护"，是一种皮外衣，有表有里，较马褂长一些，类似半袖衫，为男子常穿的衣服。男子公服多从汉服，"制以罗，大袖、盘领、俱右衽"。贵族妇女多穿袍服，袍式宽大而长，可拖至地面，行动时需有女奴拽之。汉族人将其称为"团衫"。贵族妇女还喜欢在颈下披一云肩，系用金线绣制，精细华美。普通妇女一般服襦裳。元代金银首饰工艺非常精湛。在山西省灵丘县回寺村出土的元代"金飞天头饰"和"金蜻蜓头饰"，立体感强烈，形象生动逼真。

元代衣着饰物的日趋华丽，是汉族服饰影响的结果。同时，蒙古族服饰与汉族服饰都在互相交融中发生着微妙的变化——既保持本民族服饰之传统，又汲取他民族服饰之特色。比如，元代蒙古衣袍，就采用了汉族服装中的右衽交领式样，而汉族襦裙则采用了窄袖左衽的蒙古族式样。在江苏省无锡郊区的一座元代墓葬中出土的汉族妇女绸鞋，鞋头尖翘，有明显的蒙古族靴鞋风格的痕迹。

中国其他的民族服饰之间，也概莫能外。

中国的民族服饰，因此而更具光彩。

今天，当人们走进辽阔的内蒙古草原，会看到蒙古族服饰既保持着自己的传统，又体现出时代的特色。

今天的蒙古族男女老少一年四季仍然喜欢穿蒙古袍。春秋穿夹袍，夏季着单袍，冬季穿棉袍或皮袍。男袍一般都比较宽大，尽显男子奔放豪迈的英雄本色。女袍则比较紧身，展示出女子身材的苗条和健美。袍子的领口、袖口和边沿多以绸缎花边、"盘肠""云益卷"图案或虎、豹、水獭、貂鼠等皮毛装饰。

蒙古袍式样和颜色因地因人而略有差异。布里亚特蒙古人，女袍束腰，已婚妇女，袍外套短坎肩；科尔沁、巴尔虎妇女则喜欢在袍外套一个坎肩式的无袖长袍罩。坎肩、袍罩多用绸缎缝制。袍子的颜色，男子多喜欢穿蓝色、棕色，女子则喜欢穿红、粉、绿、天蓝色，夏天袍子的颜色则更淡一些，有浅蓝、乳白、

惊鸿一瞥写春秋

粉红、淡绿色等。

蒙古人认为，洁白的颜色像乳汁一样，是最为圣洁的。在盛典、年节吉日等隆重场合多穿这种颜色的衣服。蓝色是天空的颜色，它象征着永恒、坚贞和忠诚，是代表蒙古民族的色彩。红色像火和太阳一样给人以温暖和愉快，所以平日人们多喜欢穿这种颜色的衣服。

过去，服饰所选用的质料因生活贫富差别而有所差异。如今，无论质地、款式、色泽等都更加丰富多彩了。特别是珊瑚、玛瑙、翡翠、珍珠、琥珀、白银等珍贵装饰原料大量流入蒙古草原，蒙古族的首饰更加富丽华贵。无论珠帘垂面、琳琅满目的头带，粗犷凝重的头圈、辫钳、辫套、项链，还是玲珑剔透、精巧别致的头簪、头钗、耳环、手镯、戒指等，无不折射出蒙古人的聪明才智和他们对美好生活的孜孜追求。

腰带是蒙古族服饰组成中不可缺少的重要部分。一般多用棉布、绸缎制成，长三四米不等，因人而异。色彩多与袍子颜色相协调。扎腰带既能防风抗寒，又能在骑马持缰时保持腰肋骨的稳定垂直，而且还是一种极其漂亮的装饰点缀品。男子扎腰带时，多把袍子向上提，束得很短，骑乘方便，又显得精悍潇洒，腰带上还要挂上"三不离身"的蒙古刀、火镰、烟荷包。女子则相反，扎腰带时要将袍子向下拉展，以显示出健美的身段。鄂尔多斯等地区扎腰带还有一定的讲究和规矩，未婚女子扎腰带，在身后留出穗头，一旦出嫁，便成为"布斯贵浑"（蒙古语，意为"不扎腰带的人"），以紧身短坎肩代替腰带，使未婚姑娘和已婚妇女区别开来。

蒙古人钟爱靴子。蒙古靴分布靴和皮靴两种。布靴多用厚布或帆布制成，穿起来柔软轻便。皮靴多用牛皮、马皮或驴皮制成，结实耐用，防水抗寒。其式样大体分靴尖上卷、半卷和平底不卷三种，分别适宜在沙漠、干旱草原和湿润草原上行走。蒙古靴做工精细，靴帮、靴上多绣制或剪贴着精美的花纹图案。各种靴身都比较宽大，里面可衬皮、毡，还可以套穿棉袜、毡袜。穿靴子，除了与长袍比较协调外，还便于骑马护膝，并且冬御寒冷，夏防蛇蚊，是蒙古族人民在中国文化史上的杰出成就。

百年风雨映满衣

2001 年，为准备在新加坡的中国民族服饰展演，我特意设计了一组旗袍，并专门邀请我国著名画家曹明求先生亲自在旗袍上手绘牡丹。

结果，那组手绘牡丹旗袍在新加坡大受欢迎，媒体称其"中国旗袍艳惊狮城"。

两年之后，那组旗袍又走进了世界时装之都巴黎，走上了法国中国文化年开幕式的舞台。在国务委员陈至立与法国高层政要为开幕式剪彩之时，站在他们身边的礼仪小姐，穿的就是那组旗袍。

旗袍，让中国光彩熠熠。

可我不会忘记，旗袍里闪耀的，是满族服饰文化的基因。

满族有着悠久的历史。

满族的直系先世是女真，女真的直系远祖是黑水靺鞨，如果再往前追溯，则与我国东北地区记载最早的古代居民肃慎有渊源关系。

云想衣裳

居住在东北地区的古代居民肃慎，借助这里丰富的自然资源，以氏族、部落为单位，创造着原始文化。他们栖息在"白山黑水"之间，过着原始的渔猎生活，后来慢慢发展起了原始农业和养殖业。

汉朝以后，肃慎的后裔挹娄，进一步发展了祖先的原始农业和养殖业，并尝试着经营起了小手工业，如造小船等。

至南北朝，挹娄又经历了勿吉、靺鞨的变迁。辽灭渤海后，黑水靺鞨称女真。女真完颜部首领阿骨打率兵反辽，于1115年建立了金朝。然而，女真的发展是不平衡的，发展出去的女真人迅速由奴隶制变成封建制，留居故地的女真人，仍处于原始社会的落后状态。

至元朝末，女真原始社会的落后状态结束，逐步确立了奴隶制。

15世纪初，明朝兴起并接管了东北地区。这时女真被分为建州女真、海西女真和"野人"女真三个部分。建州女真的英雄努尔哈赤统一了女真各部，于1616年建国称汗，创立八旗制度。1635年，努尔哈赤的继承者皇太极把女真改名为满洲，简称满族。

满族的发源地东北，三面环山，众多河流环绕，山林间栖息着多种野生动物，河流里生活着繁多的鱼类，给满族人狩猎、采集、捕鱼提供了天然的条件。然而，由于迁徙改变了他们的生态环境，单一的渔猎生活被打破了，发展起了农业生产。但狩猎、骑射仍在满族人的生活中占有重要地位。

满族悠久的历史，灿烂的文化，造就了满族极具民族特色的民族服饰。同满族历史文化一样，其服饰的发展演变也经历了一个漫长的过程。

满族先世的服饰为袍服，其基本式样是直领，窄袖，右开大襟，钉扣绊，紧腰身，衣长至膝下，两侧开衩。一年四季都有自己的形式。冬季穿棉袍，春秋穿夹袍，夏季穿单袍或长衫。男子头顶及前额的头发剃光，剩余的头发梳成辫子，垂于脑后，戴圆顶帽。脚着双鼻皮条布鞋，冬季穿毡靰鞡鞋，轻便保暖。女子头顶盘髻，佩戴耳环。

到了明朝，满汉杂居的现状，促成了民族文化与民族贸易的交流，满族人的服装也开始皮、布兼用。努尔哈赤统一女真各部，建立后金政权，推行八旗制度，满族人均在其中，故他们所穿的袍服被称作"旗袍"。

努尔哈赤时期，服饰没有定制，"上下同服"。至皇太极时代，统治者为了维持本民族的生活方式与风俗习惯，确立统治者的服饰标志，开始给衣冠定制。满族入关后，从皇帝到兵丁，

百年风雨映满衣

衣冠定制森严，不可逾越。官员的服饰是按其不同的品级穿着的。清代官服中，龙袍只限于皇帝，一般官员以蟒袍为贵。蟒袍又称"花衣"，是为官员及其命妇套在外褂之外的专用服装，并以蟒数及蟒之爪数区分等级：一品至三品绣五爪九蟒；四品至六品绣四爪八蟒；七品至九品绣四爪五蟒。除蟒数及蟒之爪数以外，还有颜色禁例，如皇太子用杏黄色，皇子用金黄色，而下属各王等官职不经赏赐是绝不能用黄色的。

男子以长袍马褂为主，分礼服、常服与出行服。礼服的款式按不同的身份地位而有所不同。出行服分为行袍和行褂两种，行袍与长袍的样式基本相同，所不同的是行袍右襟的右下角比左襟短一尺左右，平日将这一尺布用纽扣接上，骑马时取下，所以又称作缺襟袍；行褂是穿在袍外的罩装，身长与坐齐，袖长至肘弯，便于骑射。过去，由于满族特殊的居住环境，独特的狩猎生活，使满族服饰强烈地反映着骑射民族的特点。随着历史的发展，马褂演变为常服。

妇女服装主要以袍褂为主，因封建时代妇女不能随便出门，所以没有行服，唯有礼服与常服。褂是与袍齐长的长褂，有别于男褂。衬衣和氅衣袖口宽大，呈喇叭状，上绣花边，挽袖上卷。满族妇女的旗袍最初是长马甲形，后演变成宽腰直筒式，长至脚面，领、襟、袖的边缘镶上宽边作为装饰，北京地区曾盛

行"十八镶"的做法。而闲散旗人，男皆穿绸缎或布制作的袍服，外套马褂。妇女则穿绸缎制作的旗袍，式样也经历了由窄瘦变宽大，又由宽袍大袖变窄瘦的变迁，并出现了短袖旗袍。清初，"满洲富者绩麻为寒衣，捣麻为絮；贫者衣狍皮，不知有布帛"。至康熙年间，"衣食粗足，则皆服绸缎，天寒披重羊羡，或猞猁狲、狼皮大。唯贫者乃服布"。

坎肩也是独具特色的满族服饰的重要组成部分，其制作精致，做工考究，不但镶上各色花边，而且绣有花卉图案。清代曾风靡一时，不仅平民百姓穿，官员也穿。样式很多，有大襟、对襟、琵琶襟、一字襟等。尤其值得一提的是，一字型的前襟、腋下都装着排扣，穿、脱都十分方便，因此也倍受青睐，这种坎肩被称作"勇士坎肩"。后来在袖笼处加上两只袖子，就变成了"膺膀褂子"。

满族制作服饰多选用天蓝色、玫瑰紫、泥金、浅灰、深绛色等，深绛色被看做福色，备受宠爱。另外还崇尚白色，认为洁白的颜色象征着吉祥如意，所以常被用作镶边的饰物。

满族服饰的重要组成部分头饰，具有突出特点。过去，男子留长发、结辫，发型单一。而妇女的发型则富于变化，不仅留发、结辫，还可以绾髻等。髻的形式和名称也不一样，如架子头、两把头等，其中最有特点的是两把头。两把头即将头发梳理整齐后，束在头顶上，然后分成两绺，挽成一个横的髻，再将垂下的头发结成一个燕尾形的扁髻，压在脖颈的后面，走路时要挺直脖子，不能随意转动，这种姿势与旗袍的庄重典雅十分相配。上层社会的妇女对头饰更加讲究，不仅要戴旗头（一种青绒、青缎做成的扇形头冠），而且要插上形状各异的银饰，如压髻针、花针、大耳挖子、小耳挖子等。还习惯于一耳之上戴三个耳环，这种古老的习俗在现今满族聚居的东北地区仍可见到。

刺绣也是满族妇女擅长的技艺，服饰的衣襟上、鞋面上、荷包及枕头等物品上，到处都可以看到花卉、芳草、鹤鹿、龙

风吉祥等图案，使满族服饰表现出鲜明的民族特色。

公元 1644 年，中国发生了一连串惊天动地的大事：3 月，李自成领导的农民军攻入北京，明朝最后一个皇帝崇祯在景山上吊自缢，宣告大明王朝的彻底覆灭；4 月，李自成兵败山海关，随之，清军进占北京，入主中原；9 月，顺治皇帝迁都，将北京定为清朝的首都。

其实，早在清太宗皇太极改国号为清之时，清王朝就一再强调服饰攸关国运安危、皇权盛衰，要求满族衣衫式样、色彩不得汉化。皇太极于登基当年，专门召集臣僚学习金史。皇太极说：

> 朕思金太祖、太宗法度详明，可垂久远。至熙宗哈喇和完颜亮之世尽废之，耽于酒色，盘乐无度，效汉人之陋习。世宗即位，奋图法祖，勤求治理，唯恐子孙仍效汉俗，予为禁约，屡以无忘祖宗为训，衣服语言悉尊旧制，时时练习骑射，以备武功。虽垂训如此，后世之君，渐至懈废，忘其骑射，至于哀宗，社稷倾危，国遂灭亡。

保持自己民族服装的传统和特色，是无可非议的。然而，强迫其他民族在风俗习惯和生活方式等方面完全顺从于满族的文化习俗，就不是那么明智了。

入关之初，清王朝即颁布命令，要求汉族和其他民族"皆着剃发，衣冠皆遵本朝制度"。顺治皇帝甚至声称，"遵依者，为吾国之民，迟疑者，为逆命之寇，若惜爱规避，巧言争辩，决不宽贷"。

于是，一场汉族服饰整体异化的悲剧拉开了序幕。

一首诗，为那场悲剧留下了写照：

满洲衣帽满洲头，

满面威风满面羞。

满眼干戈满眼泪，

满腔悲愤满腔愁。

那是一个腥风血雨的时代，也是一个动荡不安的时代。顺治十一年，大学士陈名复曾向另一个大学士说："要天下太平，止依我一二事立就太平。"问其何事，陈名复推其帽摩其头曰："止须留头发，复衣冠。"就因为这一句或许是笑话的话，陈名复人头落地。

那一时期，有个著名的"十不从"的建议，系明朝遗臣金之俊提出、前明总督洪承畴参与并赞同的，其具体内容为："男从女不从，生从死不从，阳从阴不从，官从隶不从，老从少不从，儒从而释道不从，倡从而优伶不从，仕宦从而婚姻不从，国号从官号不从，役税从而语言文字不从。""从"，即随满俗；"不从"，即保留汉俗。这"十不从"虽然没有用文字明确予以规定，但实际上有所见诸行动。比如，汉族在结婚、死殓时，仍然可以着明代的服装。这样就在一定程度上缓和了满汉之间的民族矛盾。

由于满族统治者以强制手段推行满族服饰于全国，致使近300年中国服饰基本以满族服饰为模式。男子以袍、褂、袄、衫、裤为主，改宽衣大袖为窄袖筒身；衣襟以纽扣系之，代替了汉

云想衣裳

族惯用的绸带；领口变化较多，但无领子，另加领衣。在完全满化的服装上沿用了汉族冕服中的十二章的纹饰。只是由于满装对襟，所以前襟补子亦为两半，或是直接绣方形、圆形补子于衣上，称为补服。男子喜戴俗称的小帽，帽作瓜棱形圆顶，后有作略近平顶型，下承以帽檐，用红绒结为顶，顶后成垂红幔尺巾。满族在服饰方面的排异性较为强烈，但"西瓜皮帽"却是沿袭明太祖所制六合帽。

汉族女子的服饰也在发生演变，并最终形成清代女子服饰特色。

清代易服，从总体上说，对其他少数民族的影响较之汉族要小得多。

历史大概喜欢开玩笑。

如同清朝初期皇帝下令全国"剃发易服"一样，清末也发生了要求全国"断发易服"的呼吁——只不过这次呼吁是向皇帝发出的。

公元 1898 年，康有为上书光绪皇帝：

皇上身先断发易服，诏天下同时断发，与民更始。令百官易服而朝，其小民一听使便。则举国尚武之风，跃跃欲振，更新之气，光彻大新。

康有为没有实现自己的抱负。而在他上书 13 年之后，清王朝落了个寿终正寝的下场。

随着中华民国的建立，服饰也为之一变。民国政府专门颁布《服装条例》，服饰改革进入一个新的历史时期。

在这期间，有两件事情值得一提。

一是"中山装"的推行。"中山装"系因孙中山先生率先穿用而得名。其内涵非常丰富，前襟四个口袋代表"礼、义、廉、耻"；前襟五个扣子代表"行政、立法、司法、考试、监察"五权分立；袖口的三个扣子代表"民族、民权、民生"三民主义。

二是旗袍的盛行。有人曾说过这样的话："前清亡而旗袍兴。"这旗袍之兴，或许是对前清之亡的一种特殊的追忆吧。

旗袍，本来是满族男女老少共着的衣服，一年四季，同一式样，仅有单、夹、皮之分。最早的旗袍是一种四开衩长袍，基本款式为圆领、窄袖、左衽，衣摆四面开衩，有如绊，束腰带。它的形成与满族长期在高寒地区过着迁徙不定的半游牧生活有关。满族入关后，妇女旗袍袖口平而较大，长则可掩足，领口也较低。后来，旗袍不断吸收汉族服饰的特点，在领口、衣襟、袖口等处加镶花纹或彩牙，并开始用绸缎制作，使旗袍更加俏丽。

民国期间的旗袍，虽然名称还叫旗袍，但是与清代的旗袍相比，已不可同日而语。清代旗袍上窄下宽，下摆呈喇叭形，而20世纪二三十年代的改良旗袍，由于不断融入西方文化意识和采用西式裁剪方法，加上进口面料的大量采用，给人以面目一新的感觉。特别是对"三围"的处理，该宽处则宽，该窄处则窄，合身贴体，尽显女性的曲线之美。袖子也一改过去"短毋见肤"的教条，裸露出手臂来。尤其是摆侧开衩很高，甚至可裸露出大腿根部。

民国期间对旗袍的大胆改良，可以说是中国服装史上一场震惊国人的革命。难怪当时的政府曾经以"有伤风化"的名义下令禁止旗袍。

然而，美丽是禁止不了的。直到今天，旗袍仍然作为中华民族服饰文化中的经典，散发着无穷的魅力。

历史是无情的，又是有情的。

想当初，满族统治者利用强大的权力千方百计推行自己的服饰，收效却不理想；而当满族失去权力黯然失色之后，其服饰却在中华大地大放异彩，这，不是可以给人许多启示吗？

「鱼皮部」的北疆传奇

　　1997 年，为了考察鱼皮服饰文化，我来到了赫哲族居住的东北地区。

　　赫哲族的鱼皮服饰主要有衣服、裤子、靰鞡、腰带、腿绷、围裙、手套、口袋等。鱼皮衣服多用胖头、赶条、草根、鲑、鲩、鲤等鱼皮制作而成。

　　就是那次北疆之行，就是在黑龙江饶河四排乡尤连仲老人的家中，我不仅亲耳听到了"棒打獐子瓢舀鱼、野鸡飞到饭锅里"这一东北谚语，亲眼看到了鱼皮服饰的整个制作过程，更了解了赫哲民族悠久的历史和富于传奇的诸多故事。

　　尤连仲老人如今已经过世。然而，我用文字、相机、摄影等手段所记录的老人制作鱼皮服饰的全过程却会被我永远地保存着。

　　我所忧虑的是，鱼皮服古老的制作工艺，能够永远传承下去吗？

　　赫哲族现有人口4 000多人，新中国成立前仅剩300多人，目前是我国人口最少的民族之一。

　　赫哲族生息繁衍于东北地区，具体地说是聚居或与满、鄂

伦春、朝鲜、汉等民族杂居于"三江平原"（黑龙江、松花江、乌苏里江）的沿江地带。完达山的一部分延伸到"三江平原"，天然的森林、湖泊与平原，是赫哲人赖以生存的基础。

赫哲族这一民族称谓是新中国成立后才确定的，在此之前自称为"赫真""黑斤""赫金""赫哲"，其实都是同语的异写而已。族源可上溯到先秦时期的肃慎，后经过"隋唐时期的黑水靺鞨"演变而来。赫哲族以"夏捕鱼作粮，冬捕貂易货"

的渔猎经济维持生存。江河里繁多的鱼类，森林里众多的禽兽，为赫哲人的渔猎生活提供了可能。

赫哲族早年曾用插草、结绳、刻木、裂革等方式记事。与此相适应，赫哲人的社会形态也相当落后，直到20世纪初还处于原始公社末期向阶级社会发展的阶段。

自古以来，赫哲人不仅以鱼肉兽肉为食，而且还以鱼皮和狍、鹿等兽皮为衣蔽体御寒。《皇清职贡图》上记载：赫哲人"男女衣服皆鹿皮、鱼皮为之"，"衣服多用鱼皮而缘以色布……"。20世纪初，他们的衣服、被褥、日常生活用品仍多用鱼皮和兽皮制成，因此历史上曾称其为"鱼皮部"，表现出极其鲜明的民族文化特点。

赫哲族男女都喜欢穿大襟长袍，外套坎肩或短褂。男子的裤子多用怀头或哲罗、狗鱼皮制成，腰上端为斜口。妇女的裤子多为齐口并镶有或绣有各种花边。冬天穿它狩猎保暖耐磨，春秋穿它捕鱼防水护膝。妇女的长袍因地而异。清末受满族影响，式样如同旗袍，袖子短肥，腰身窄瘦，身长过膝，领边、衣边、袖口、前襟、后背等处都有刺绣或用染过的鹿皮裁剪成云纹或各种动物图案贴上，色彩艳丽，图案生动，扣子是用鱼骨磨制而成的。早些年衣服的下边还要缝缀上贝壳、铜铃和缨络珠琉绣穗之类的装饰品，使赫哲族服饰显得雅致、古朴，美观大方。男女

都穿鱼皮靰鞡（一种鞋），一种用怀头、哲罗、细鳞、狗鱼、鲇鱼等鱼皮制作的鞋。选用一整块皮子做鞋底和鞋帮，用鱼皮线把鞋腰与鞋帮缝在一起即可穿用。夏天直接穿，冬天则在里面絮上靰鞡草或套上狍皮袜头，既抗寒，又轻便，走在冰上、雪地上或泥泞的路上不打滑，是适于以狩猎或捕鱼为主的民族穿用的一种鞋。

鱼皮服饰的制作，熟鱼皮是重要环节。经过长期的生活实践，赫哲人掌握了一套加工鱼皮的技术。即先将鱼皮剥下晒干，鱼皮晾得越干越好，然后用特制的熟皮工具"空库"（木槌）和槌床或木铡刀等反复捶打、揉搓，直至柔软。鱼皮熟好后，再用各色野花染成彩色。至此便可缝制加工各种衣物了。每年捕鱼季节一开始，男人们就忙于下河捕鱼，妇女们则操刀握槌，都投入到了紧张的鱼皮加工工作中，为日后缝制衣物准备了充足的原料。

赫哲族的鱼皮服饰名副其实，不仅面料为鱼皮，就连缝衣服的线也用鱼皮制成，故称鱼皮线。鱼皮线是将胖头鱼的皮剥下（因其皮薄，可做细线），刮掉鱼皮上的鳞，再用刀切成细丝，晒干搓制柔软即成。

在世界众多的渔猎民族中，以鱼肉为食的民族并不鲜见，但以鱼皮为衣的却只有阿依努人等少数几个。赫哲族的鱼皮服饰文化是比较丰富而典型的。鱼皮服饰所具有的抗寒、抗湿、耐磨、防水等特性，越来越受到世人的青睐，这是赫哲族人民对人类服饰文化做出的贡献，也充分反映了赫哲族人民适应自然、利用自然、改造自然的聪明才智。

赫哲族妇女的发型和首饰也很有特色，表现在婚前和婚后有所不同。婚前一般梳一条辫子，婚后则改梳两条辫子垂于颈后。喜欢戴金、银、铜、玉质的首饰，如耳环和手镯等。她们还

常常在衣服、鞋帽、被褥及生活用品上，绣制各种云纹、花草、蝴蝶及几何纹样，构图新颖，工艺细腻，图案艺术发展到了一定境界，是赫哲人独特的审美意识的反映。

由于赫哲人信仰萨满教，所以服饰中还有特制的萨满服。萨满服由神帽、神衣、神裙、神手套、神鞋、神袜子等组成，上面缀满铜铃、铜镜、飘带等。

改革开放后，由于各族人民交往的频繁，赫哲族的服饰已发生了很大变化，有些已与当地汉族相同了。但其古老独特的服饰文化特征，仍依稀可见。

除赫哲族之外，在我国东北地区最北部的茫茫林海之中和滔滔江河之畔，还生活着鄂伦春、鄂温克等极富特色的民族。

鄂伦春族现有人口 8 000 多人，主要分布在内蒙古自治区呼伦贝尔鄂伦春自治旗、扎兰屯市、莫力达瓦达斡尔族自治旗，黑龙江省的呼玛、瑷珲、逊克、嘉荫等县。

鄂伦春族亦发源于贝加尔湖地区，后又游猎到兴安岭地带及黑龙江流域。南北朝时期的史籍记载，鄂伦春族的祖先为"室韦"，与鄂温克族同出一源。元代也称为"林中百姓"，明代也称为"北山野人"，与鄂温克族相同。

鄂伦春族生活在黑龙江流域，大小兴安岭地带。河流里生长着各种鱼类，山林里有各种野兽出没，是个天然的狩猎与捕鱼的场所，也注定了鄂伦春族以狩猎为主的经济文化类型。由于生产力低下，人们抵御自然的能力十分有限，因此，往往需要集体出猎，而猎获的野兽也要众人平均分配。这从一个侧面说明他们的社会仍处于原始社会末期。

鄂伦春族在历史上曾经有自己的语言，但无文字。文学活动都以口头的形式保留下来，包括神话、传说、民间故事、歌谣等多种形式，涉及社会、历史、狩猎采集、风俗习惯、风土人情等方方面面的内容。

鄂伦春人在游猎生活中创造了狍皮服饰文化，无论衣服、鞋帽，还是常用的生活用品，都以狍皮为原料。充分利用了狍皮经久耐磨、抗寒防潮的优势。

鄂伦春族的服装以袍式为主，包括皮袍、皮袄、皮裤、皮套裤、狍头皮帽、皮围裙、皮坎肩、皮靴、皮袜、皮手套等。

制作皮袍，一般选用冬秋两季的狍皮，这个季节的狍皮毛长而浓密，皮厚耐磨，防寒性能好。制作一件皮袍一般需用五六张狍皮。式样为大襟右衽，前后两面开衩，束以犴皮或牛皮的腰带。骑马、狩猎十分方便。

男女冬季皆穿长袍，只是妇女所穿长袍比男式的更长，一般长及脚面，两侧开衩。皮袄多选用夏季的狍皮，利用它毛质短小疏松的特点，制成光板短袄，适宜于春夏穿用。皮裤多选用秋冬季狍皮，三四张即可做成一条皮裤，裤长至膝下，与无腰无裆的皮套裤搭配穿用，皮套裤腿呈马蹄形，用皮带系在腰上。

狍头皮帽最具狩猎民族的特色，是用狍头皮精制而成的。制作时，把耳朵剁掉，换上狍皮缝制的假耳朵，把眼圈用黑皮子镶上，毛、角、鼻子、嘴仍然保留，猎人戴在头上，不仅防寒，而且还可以伪装自己，诱惑野兽。如果同时吹响"狍哨"，就更容易猎取狍子了。女帽则多为镶有花边，顶端缀着红绿线穗的毡帽。

皮靴是用狍腿皮加狍脖子皮缝制的，鞋帮得用十几条狍腿

皮，鞋底只需一个狍脖子皮。还有一种是用鹿、犴皮制作的，冬天里面可套上皮袜。它们的共同特点是保暖、轻便，宜于在林海雪原中狩猎时穿用。

手套也多用狍皮制作，有五指手套和合指手套。五指手套的手背部绣有花纹图案，手套口镶有灰鼠皮或花边。合指手套的筒很长，并装有皮带，可以套在衣袖上，用皮绳系住。

鄂伦春人的装饰和服饰染色具有浓郁的民族风格。皮袍开衩处及手套上多喜欢用红、绿、黄色缝绣出云纹、波纹或方格纹等色彩艳丽的花纹图案。年轻人多穿用染色的皮面制成的衣服、裤子和手套，即用腐朽的柞树煮水揉染成黄色。大多数青壮年妇女只穿长裤，很少加套裤。而老年人则直接穿用光板白茬的袍子，而且喜欢在较短的裤子外面穿上套裤。

因为服饰基本以皮为主，所以熟皮就是一个相当重要的工序，鄂伦春人熟皮工艺颇具特色，其方法是：将狍、犴、鹿等兽皮晒干，再把狍肝或犴肝捣烂涂在皮板上发酵，然后用特制的熟皮工具木铡刀等刮去污垢，经反复搓揉，柔软后，再用浓烟熏干。缝制衣物的线是用狍筋做成的。

布匹、绸缎、纺织品输入鄂伦春人居住的地区后，鄂伦春人的服装多以此为原料，只有狩猎时，还保留着穿皮服的特点。

鄂温克族，按第五次全国人口普查的数字为现有人口 3.05 万人，是我国人口较少的民族之一。最大的聚居区是鄂温克族自治旗，主要分布区还有内蒙古自治区的陈巴尔虎旗、莫力达瓦达斡尔族自治旗、根河市、鄂伦春自治旗、阿荣旗、扎兰屯市，此外，黑龙江省的讷河、甘南县等地也有散居的鄂温克族居民。

鄂温克族从族源上讲与北魏时的"室韦"，以及唐代在贝加尔湖东北苔原森林区使鹿的"鞠"部落等，都有密切的关系。

元代史籍把贝加尔湖以东广大黑龙江流域的人称作"林木中百姓"，并说他们用驯鹿负载东西，穿滑雪板逐鹿，实际指的就是鄂温克人。在《明一统志》中，他们被称作"北山野人"，并被描述为"乘鹿出入"。清代文献则把他们称作"索伦部"和"使鹿"的"喀穆尼堪"（索伦别部）。

17世纪中叶以后，由于沙俄的侵略，鄂温克族迁到大兴安岭的嫩江支流居住，还有一部分携带家属迁至呼伦贝尔草原地区。

生活在不同地区的鄂温克人，由于地理环境的差异，从事着各种不同的生计。有的以狩猎为主，有的以捕鱼为生，还有从事畜牧业和农业的，这就导致了社会发展的不平衡性。有些以游猎为主的鄂温克人，新中国成立前还处于原始公社末期父系家庭公社的阶段。而从事农、牧业的鄂温克人，早在19世纪就逐步进入封建社会了。

不同的经济文化类型及发展的不平衡性，给鄂温克族的民族服饰带来了多样性的特点。以狩猎为主的鄂温克人，服饰原料主要为兽皮。史书记载，鄂温克人"射猎为务，食肉皮衣"，"衣兽皮"，"以狍头为帽，双耳挺然，披狍服，黄毳蒙茸"。狍皮衣服以狍皮、犴皮为主，式样为大圆领垂肩，上缝数条白道。他们喜欢白色，认为白色象征光明，但白色在狩猎时容易暴露，所以狩猎时，不直接穿戴白色的衣帽，而是将白茬的皮衣染色

云想衣裳

或涂色。染色的原料是用树皮煮成的黄色的水，涂料的原料直接用木炭或兽血。自清代中叶以后，鄂温克人具有狩猎文化特色的衣着有所变化，妇女开始穿布衣和坤式八旗坎肩。衣服多仿满洲样式，宽袖，有镶边，胸前佩戴丝绸烟口袋。男子服装也开始用布或绒镶边，身前佩有钱搭子，两侧带刀和火石袋。

以畜牧为主的鄂温克人，服饰原料主要为牲畜的皮毛，且主要是羊的皮毛。选用牲畜的皮毛很有讲究，与季节相适应，冬天选用绒毛长而密的皮毛，春秋用小皮毛，夏天用光板皮，起到冬暖夏凉的作用。服装式样主要有大毛长衣、短皮上衣、羔皮袄、皮裤、皮套裤、皮靴等。大毛长衣斜对襟、衣袖肥大，束长腰带。短皮上衣、羔皮袄，是婚嫁或节日礼服。由于20世纪初布匹的输入，羔皮袄也有用布或缎面做成的。无论男女衣服，衣边、衣领等处都有用布或羔皮制作的装饰品镶边，穿用时束上腰带。鄂温克人喜爱蓝、黑色的衣服，不喜欢红色和黄色，除内衣外不穿白色衣服。皮套裤制作讲究，外面还绣着各种花纹，既美观大方，又防寒耐磨，天冷时穿在皮裤的外面。皮靴多以牛皮为底，羊皮或马皮为腰，靴腰和靴尖上绣有各种精美的花纹，夏天单穿，冬天里面套穿皮袜或毡袜。

内蒙古陈巴尔虎旗的鄂温克妇女的服饰别具一格，一年四季都穿上身窄小、下身宽大的多褶连衣裙，而且从服装上还能辨别出年龄或婚否。

鄂温克族男女皆喜欢佩戴首饰。妇女普遍戴耳环、手镯、戒指，富贵人家的妇女则以珊瑚、玛瑙等名贵之物镶饰。已婚妇女还要戴上套筒、银牌、银圈等。男子夏戴布制单帽，冬戴皮帽，一般以羔皮、水獭皮或猞猁皮为原料，帽子的形状为圆锥形，顶端缀有红缨穗。有些男女戴红铜手镯，据说可以预防和缓解臂膀的酸痛。

由于鄂温克族散居在其他民族中间，因受其影响，现在主要的衣料为布帛丝绸，而皮衣只用作冬天御寒之用。

鄂温克族另一具有特色的就是"桦树皮文化"，它渗透在鄂温克人生活的各个领域。广袤的大兴安岭，有8 300多平方公里的森林，生长着茂密的桦树，给"桦树皮文化"提供了物质基础。

"桦树皮文化"表现在服饰方面，就是鄂温克族人喜穿桦树皮制作的帽和鞋。形状如锥或斗笠的桦树皮帽，既遮阳又避雨，制作方法十分独特，即将一方块桦树皮卷成锥形，里外边缘处用桦树皮贴上边，再用麻线缝起来，缝合处涂上松脂，防止漏水。帽面上还绣着或刻着各种漂亮的花纹。盛放衣物的箱子、针线包、针线盒等，也都是用桦树皮制成的。

正因为各少数民族生活方式的不同，中国民族服饰文化才表现出它的多样性和多彩性。

美丽从雪山走来

2003 年，中国民族博物馆承办的法国中国文化年重点项目"中华民族服饰展演"登上了巴黎卢浮宫的舞台，其中一套藏族服装艳惊巴黎。这套服装的价值高达 600 万元。

其实，这样的服装，在藏区并不鲜见。

在飘动着白云的蓝色天空下，在吹拂着轻风的绿色草原上，样式繁多、色彩斑斓、价值连城的藏族服装，就是一道最美丽、最抢眼的风景线。

根据考古学发现证明，西藏高原在远古时代就有人类活动

的遗迹。距今 4 000 多年前，青藏高原已有定居的村落，在古代汉文史籍上，它先后被称作"吐蕃""西蕃"等，清初称"图伯特""唐古特"，后改称"藏蕃""藏人"，遂演化为族名。

  藏文文献记载，统一各部的聂赤赞普，是吐蕃王朝世系的第一代王，属于雅隆悉补野部落。公元 6—7 世纪，雅隆悉补野首领囊日论赞扩大了势力范围，拉萨河流域也属其统辖的地区。他的儿子松赞干布进一步统一了青藏高原各部，建立了吐蕃王朝，定都逻些（今拉萨）。从此，青藏高原上就正式出现了统一、强大的藏族。

  藏族世代生息繁衍于青藏高原上，特殊的地理环境，造就了藏族人民以高原畜牧业和高原农业为主的经济文化类型。每一

海拔地带，都是相应的畜牧和农业兼营的情况并存，不同的季节，也表现出不同的形式。

藏族长期居住在青藏高原，形成了自己独特的风俗习惯，也形成了独特、灿烂的藏族服饰文化。

藏族服饰的基本特色有以下几点：

一是肥腰、长袖、大襟。藏族生活在处于"世界屋脊"的青藏高原，高寒的自然环境决定了他们的服装必须具有很强的防寒作用，同时又要便于行动。比如藏北牧区的藏袍，其结构肥大，材料以皮毛居多，夜间和衣而眠可以当做被子；其袍袖宽敞，便于臂膀伸缩自如，天冷时全身裹于袍内，白天阳光充足气温上升，可以很方便地脱下一只胳臂，调节体温。一般情况下，藏族都喜欢将一只袖子脱下。这样的形象，让人感受到藏民族粗犷豪放的性格和雍容雄健的气质。

二是用色的大胆。在藏族服饰中，大量运用具有强烈对比的色彩组合，如红与绿、红与蓝、黑与白、黄与紫等等。此外，还巧妙地运用复色、金银线搭配，使服装色彩既明快又和谐。比如藏族妇女的"帮典"（围裙），以宽阔的对比色条相配，呈现一种递增排比规律，给人以跳动、活泼之感。

三是广泛运用金银、珠宝、象牙、玉质饰器或代用品。将财产全部装饰在身上，是西藏民族传统的消费方式。饰品佩戴的部位非常广泛，从头顶、发辫到耳、项、腕、指、背、腰部都可以。他们把数代人积聚下来的财富变为饰品，戴在头上，挂在身上，走到哪里带到哪里。这是一种炫耀，更是一种潇洒。

藏族服饰在藏族文化中占有重要地位。它以其独特的民族风格和鲜明的艺术特点，成为中华民族文化宝库中非常有价值的组成部分，成为祖国民族服饰艺苑中一支瑰丽的花朵。

藏袍，是高原流动的风景。

云想衣裳

美丽从雪山走来

云想衣裳

美丽从雪山走来

美丽从雪山走来

美丽从雪山走来

云想衣裳

美丽从雪山走来

云想衣裳

藏袍非常讲究用料，因材料、质地不同，大体上可分为氆氇袍、羔羊袍、羊皮袍、羊毛袍、单褂袍等。

农区男子一般穿氆氇料藏袍和衣、裤，黑白氆氇居多，也有以毛呢哔叽为料的，套穿在白衬衣上，外束色布或绸子腰带；妇女藏袍的用料与男子相同，氆氇选用黑色，哔叽选用彩色，冬袍有袖，夏袍无袖，着袍时，里面都穿上各色绸衬衫，腰前还围一块彩色的围裙——"帮典"。西藏和平解放之前，未婚妇女是不束戴"帮典"的。现在，此风俗已经改变，就是几岁的女孩，父母也喜欢为她们扎上"帮典"，作为装饰。

牧区男子多穿肥大、袖宽的皮袍，以抵御严寒。皮袍的大襟、袖口、底边等处都镶嵌着平绒、灯芯绒和毛呢，外束腰带；妇女也穿皮袍，以围裙料和红、蓝、绿色呢镶宽边，美观漂亮。

有一种提花皮面袍，藏族称为"察"，是藏北一带的男子在节日或重大喜庆日子里穿用的藏袍，在望果节、赛马会、射击场上可以看到穿着各种各样"察"的英武骑手和射手。藏北妇女的藏袍则用许多条宽大的色带饰边，并排饰于后面，一般是黑、红、绿、紫色等，数量大多为五至七条，也有把皮面饰满的。素皮面袍是一种普通皮筒镶以宽大黑边的藏袍，牧民平日多穿此袍。宽松肥大的藏袍因束有腰带，其上部怀襟内形成一个可以存放东西的"口袋"，里面可以携带各种生活用品，妇女还可以将幼小的孩子放入其中，既安全又舒适。

　　阿里普兰地区盛行羔皮袍，制作精细，装饰典雅。羔皮袍的面料以毛呢为主，领、袖、襟底镶水獭皮，外套绸缎，这在整个藏区都是极具特色的。一件羔皮袍，一般要用 40 张左右的羔皮。

　　康巴，包括西藏昌都，云南迪庆，青海玉树、果洛，四川甘孜、阿坝等地区。康巴服装俗称"康装"，在藏族服饰艺术中别开生面。袍，康巴语称为"葛热"，均以三幅两襟开摆式，多以银、珠、铜为扣，皮袍一般以约五寸到一尺宽的豹皮、虎皮、獭皮镶领襟、袖口、下摆，加墨色襟边为饰。这种习俗历史悠久。传说公元 7 世纪中叶，吐蕃军队四处征战，军队规定对有功英雄记功，奖赏是将名贵的豹皮、虎皮、水獭皮割为条状带，授功时将皮条像哈达一样挂在脖子上，三种不同的兽皮表示三种不同等级的功勋，随后为表其立过功而将此皮缝合在衣领上作为标志。后来，将豹皮、虎皮、水獭皮镶于袍上便成为一种习俗。不过，后来的含义，已不是功绩的级别，而是财富的标志。

　　据有关资料统计，藏袍的种类达几百种，每一种都凝聚着藏族人民对生活和美的热爱。拉萨男式大领无衩长袍，拉萨女式夏季无袖长袍，"帮典"镶嵌的长袍坎肩，十字花氆氇呢袍服，林芝地区的宽肩无袖套头"古秀"等，都是藏族袍服中的精品。

　　与藏袍一样，藏族的帽、鞋和腰带也极有特点。

　　藏帽式样繁多。夏季戴宽边毡帽，冬季戴以毡子、氆氇、毛皮等为原料制作的金花帽，外面以金丝缎、金银丝带做装饰。藏帽最具代表性的是金顶帽，这种帽子以毡帽为坯，用金银丝缎进行装饰。

　　帽檐有四，前后檐大，左右檐小，一般缝以兔毛或水獭毛等，非常华丽。藏帽的戴法也有不同。男子一般把左右及后面的帽檐折进帽内，只留前面一个大帽檐；女子则喜欢把前后两个大帽檐折进帽内，只留左右两个小帽檐在外；老年人更习惯把四个帽檐都露在外面。

在羊卓雍湖一带，妇女喜欢戴一种叫"乌折"的帽子。相传此帽是六世达赖仓央嘉措为剃度受戒到羊卓雍湖时，遇到"棍如"和"赠如"两个部落为争夺草原进行争斗。在听取两部落头人汇报后，仓央嘉措把自己的头巾放于两部落人中间，左右手拇指分别指了指两部落头人，而后一言不发地走开了。两部落头人深思许久，终于知道仓央嘉措的用意。为了纪念化干戈为玉帛的仓央嘉措，妇女们把头巾叠成三角形，戴在头上，顶头角象征仓央嘉措，前后角象征和好的两个部落，后来，逐步发展为"乌折"帽。

藏鞋为靴式，主要有"松巴鞋"和"嘎洛鞋"。松巴鞋以牛皮为底，黑色或紫色氆氇为腰，腰与面用红、绿毛呢衔接，面用各色丝线绣出美丽的花边和花纹。嘎洛鞋也以牛皮为底，不同的是，鞋腰除了用黑色氆氇，还用围裙料，鞋帮用三层氆氇毡粘缝而成，鞋尖朝上，鞋尖和鞋跟都缝着黑色牛皮，鞋面除用金丝线镶边，还用黑色牛皮拉条。穿时系彩色横条鞋带，舒适、保暖、美观、耐用，特别适用于高寒地区。

藏民族的男女老幼、僧俗人等，无不束腰带。腰带有毛织、丝织、线织品，宽窄不一，质量也不相同。

　　在西藏浪卡子一带，藏族妇女喜欢系一种叫"嘎热绣名"的方格腰带，系用五色羊毛织成，宽窄长短分为三围、五围、七围和十围四种，编织成远古藏区二钥呈祥、吉祥结、长城、莲花宝瓶等多种图案，其花纹十分精美。此编织法称作"甲达"，即汉族编织法，相传是文成公主进藏时流传下来的。

　　藏族服装配饰是藏族服饰文化中的华彩部分，就像雪域大草原上五彩缤纷的花朵，把大草原点缀得更加美丽和迷人。

早在 4 000 年前，藏族人民就已经有了审美意识。昌都卡若遗址考古出土的文物中，就有牌饰、项链、手镯等饰品，其色彩天然，制作古朴。其中的一个骨质发簪，其顶部雕饰有三个大小不一的圆锥状结构，极具装饰效果，不仅体现了早期藏族先民的骨雕工艺，而且也表明藏族早在远古时期就已经有盘发的习俗。

　　随着社会的发展，人们对饰品的工艺和质量要求越来越高。从大量的西藏壁画中，可以看到藏族佩饰的一些形制和佩戴习俗。

　　藏族同胞头上、手上、胸前、腰间，都喜欢佩戴用珠宝、金、银、铜、玉、象牙等制作的精美饰品。比较典型的饰品，包括金制或银制腰刀、腰扣、火镰，以及镶有翡翠、玛瑙和松耳石的项链、耳环和各种各样的发饰品、腰饰品等。饰品的雕镂镶嵌十分考究，粗则豪放剽悍，细则精巧微妙，许多佩饰上有非常精细的雕镂图案以及工艺水平很高的镀金镀银。

　　"巴珠"，是藏族妇女的一种三角形头饰，用珍珠和珊瑚制作而成。与"巴珠"同时佩戴的还有"艾果"，是佩戴在"巴珠"以下耳朵旁边作为发饰的一部分，一般是用大块的绿松石刨平制作成花瓣状再粘贴在黄金制作的模槽内，体积远比一般的耳环大。

　　"嘎乌"，分为两种。一种是藏族妇女佩戴在胸前的装饰品，它是项饰的主要形式，一般是挂在一串珊瑚、珍珠或其他珠子制作的项链的中心，其外壳多由黄金、银、铜等不同质地的金属制作，其形制大多呈八角形，也有半月形和圆形的，上面镶嵌着各色的宝石，而每个宝石又根据所要表达的纹饰内容被制作成各种形状。另一种为男子饰品，斜挎于前胸，其形状多为佛龛状，也用黄金等金属制作，但所装饰的花纹大多以吉祥八宝、鹿、莲花等具有宗教含义的图案为主。它除了装饰功能外，其内还放置着佛像、圣物等，用以驱邪避灾。

藏族腰刀，具有生产、生活、装饰、自卫等多种功能，因而藏族普遍有佩带腰刀的习惯。腰刀有长、短之分，工艺十分精细。刀把以牛角或木料制作，缠以银丝或铜丝，顶端箍铜皮，有的镶银饰。刀鞘包铜或包银，刻有各种图案，甚至镶嵌珠宝。

男子头发喜欢饰以朱红颜色的丝穗，在高原烈风的吹动下，飘舞飞扬，更显其威武雄健之神韵。

藏族服饰，具有一种摄人心魄的魅力。而藏族妇女服饰所呈现出的多样性，更为藏族服饰增添了耀眼的光彩。

藏族贵族妇女贴身的是光滑柔软的玄青色裙子，外面罩上帝青色的外袍，蓝色的波纹皱褶上缀着孔雀翎花朵。脚上穿着镂花织锦的筒靴，腰间系着宝石嵌镶、丝穗婆娑的腰带，手臂戴金钏和海螺镯，中指和无名指套宝石镶嵌的戒指，颈上佩红色的琥珀项饰，胸前悬着层次分明的珊瑚、瑰玉、琥珀的短项圈和珠玉穿成璎珞的长项链。头发是对半分开，梳在两边，当中是珠璎顶髻，披散在身后的一股股小辫缀满金银、珠玉、珊瑚、宝石。此外，还戴着三角形的巴珠头饰，顶髻上有一颗硕大的松耳石。

阿里普兰地区妇女独特的帽子和耳坠象征孔雀的头冠。帽子的藏语名字叫"町玛"，呈圆筒状，用棕蓝色彩线氆氇精制而成，帽子的底边截一段为留辫子处。妇女的耳坠以珊瑚及珍珠连串而成，长十五厘米左右。背部围裙象征孔雀的背部。围裙的藏语名称叫"改巴"，系用毛色纯白光滑的山羊皮制作，正中镶嵌带有圆形花纹的氆氇粗条线，有的"改巴"皮面夹有色彩绚丽的绸缎。周边镶嵌带有圆形花纹的棕蓝彩色氆氇，象征孔雀的翅膀。底部开的三道衩口，象征孔雀的尾羽。孔雀衣与阿里孔雀河的美名紧紧联系在一起，使孔雀般的美丽和吉祥永远地留存在阿里的土地上。

藏南妇女头戴帽顶有红绿色绒饰的尖顶小帽；耳环多是金银镶绿松石质地的，环上有钩；上衣是齐腰间的小袖短衣，质地有毛、缎、布等等；肩披方形缀绒披肩，手指戴银镶珊瑚戒指，左手腕戴银钏，右手腕戴宽两寸的镯圈；下穿黑红相间的十字花纹毛裙，外扎色彩斑斓的"帮典"。

康南藏族妇女头发编成上百根小辫后，横向编织成网状，然后披戴在头上，再于两耳角上分挂四根红珊瑚枝。所穿服装称为"风装"，左右胸襟分别镶有红、黄、绿、藏青、黑等颜色的五块三角形金丝绒，五块布料分别代表福寿、土地、先知、牲畜和财产。背部嵌一块绣有吉祥图案的"公热"，一般为绿色；下连后部有无数褶皱的十字花氆氇呢彩裙。

甘肃舟曲妇女将层层折叠的方形黑布盖于头上；头上梳辫子数十根，其端接连一公斤多的纯黑牛绒毛线，再梳成数百根辫子，分为两组披在后背左右，在腰际处用两圈锦带扎于长褂外，分别垂在腰的两侧，再分别折上来合成一组，挽结于后腰后坠至地；上身穿长袖圆领衬衫，衬衫上是护胸围腰，围腰用1厘米宽的几种对比色氆氇横向连接成对称的装饰纹样，底层为红布，上面用线串连一行行横向排列的红珊瑚珠子；胸前佩挂直径为27厘米的圆形银盘；腰际用织锦带环绕束扎。在腰前腹部与膝盖之间垂悬三角形肚兜，后腰系两条淡黄色扇面形腰带头，垂至腿弯处；外套是黑色无纽扣对襟长衫，长至腿弯，袖口一绸缎条搭配装饰；下身穿红色或黑色灯笼裤；脚穿单梁藏鞋或绣花麻布鞋。

面对这样的服饰，谁的心情又能波澜不起呢？

丝路霓裳舞翩跹

我曾数次走进吐鲁番，走进喀什，走进阿图什。

每次走进这些地方，每次面对这些地方魅力四射的服饰，我都不可能不感到一种巨大的震撼。

丝绸之路横贯过的新疆，自古处于东西方文化、游牧业与农业文明的十字路口。

数千年来，各种文化在此撞击、融合、沉淀。而新疆的民族服饰文化，在这样的环境中不断提升和发展，为中华民族增添了耀眼的光彩。

走进新疆，等于走进了一个民族服饰的"大巴扎"。

丝路霓裳舞翩跹

维吾尔族是我国少数民族中人口比较多的民族。主要聚居在新疆天山以南塔里木盆地周围的肥田沃野上和天山北部准噶尔盆地的一些绿洲地带。多少世纪以来，维吾尔族就繁衍生息在这块美丽的土地上，经过世世代代的辛勤耕耘和艰苦努力，不但创造了新疆辉煌的历史文化，而且也为创造现代文明、繁荣昌盛的新新疆立下卓越功勋。

　　根据考古发掘与古代文化遗物证明，早在新石器时代，塔里木盆地的绿洲上就有了人类活动。他们在漫长的历史过程中，创造了具有绿洲特色的古代文化。他们的存在和活动，与维吾尔族的形成有直接关系，是后来维吾尔族形成与发展的重要组成部分。

　　"维吾尔"，在不同历史时期的汉文文献中有不同的译称。公元4世纪时的《魏书·高车传》中出现"袁纥"，就是首次见到的"维吾尔"的汉译。后来，又有一些不同的译称。"维吾尔"的含义为"团结""联合""协助""同盟"之意。

　　维吾尔族是个热情奔放，能歌善舞的民族，风俗习惯具有鲜明的民族特色。服饰文化也颇具民族风格，传统的民族服装为：男子穿绣花衬衣，外套斜领、无纽扣的"袷袢"，"袷袢"身长没膝，外系腰带。在北疆，外套常常是有纽扣的，因为天气比较寒冷。妇女则喜欢穿色彩艳丽的连衣裙，外面往往还套穿绣

花背心。男女皆喜欢头戴绣花小帽，脚穿长筒皮靴。

　　维吾尔人在服装用料上喜欢选用纯毛、真丝、纯棉布料及真皮革，妇女喜欢色彩艳丽的衣物，并习惯佩戴耳环、戒指、手镯、项链、胸针等饰物点缀。

　　手工刺绣是维吾尔族的传统工艺，衬衣、背心所绣的花纹图案都十分精美。最有特色的是手工刺绣的各式小帽，它已成为

维吾尔族的一个标志，是维吾尔族审美意识的外在表现。

现在维吾尔族的传统服饰已经有了很大变化，尤其是年轻人，时装已经占据了主要地位，但是，每逢喜庆节日，绣花衬衣、连衣裙等具有民族风格的服饰，仍然点缀着他们的生活，给节日增加几分喜庆、欢乐的气氛。

分布在新疆维吾尔自治区的伊宁、塔城、喀什、乌鲁木齐、

莎车、叶城等地区的主要是乌孜别克族，其服饰具有鲜明的民族特色。

夏季，乌孜别克男人喜欢穿绸制的套头短袖衬衣，衬衣的领口、袖口和前襟开口处，常用红、绿、蓝相间的丝线绣成各种美丽的彩色图案花边，凉爽舒适，美观大方。也有穿套头长袖衬衣和斜领、右衽、无纽扣、长不及膝的燕克台克（短袷袢）和西服的。

春秋两季，乌孜别克男子一般穿用长过膝盖的屯（长袷

祥），有的还绣有花边。腰束绸缎或棉布制成的三角形绣花腰带。青年男子的屯和腰带多采用较鲜艳的颜色，老年人的屯多为黑色，腰带选淡雅的颜色。

乌孜别克老年妇女穿的连衣裙一般比较宽大，褶多，颜色多为黑色、深绿色或咖啡色，用丝绸制成。青年女子穿的连衣裙色彩艳丽，胸前往往绣有各式各样的花纹和图案，并缀上五彩珠和亮片，耀眼夺目。有时，在连衣裙的外面加上深色绣花背心，更显得高雅华贵。

丝路霓裳舞翩跹

乌孜别克语把帽子称作"朵皮"。乌孜别克族男女一年四季都要戴"朵皮"，冬季戴皮帽或毡帽，其他季节都戴各式各样的绣花的、灯芯绒素面的或金丝绒的"朵皮"。老年男子喜欢戴绿色的，青年男子一般喜欢戴红色的。

传统花帽有"塔什干花帽"和"安集延小帽"，图案新颖、色彩鲜艳。近几十年来，花帽式样翻新，品种繁多，花纹图案更加绚丽多彩。

乌孜别克族鞋的种类也很多，男女皆穿高筒皮靴、套鞋、长腰或短腰皮鞋。女式高筒皮靴往往精工刺绣，工艺精湛，别致美观。

除上述装束外，乌孜别克妇女还喜欢佩戴各种装饰品，如耳环、耳坠、戒指、手镯、项链、发卡等。每逢喜庆佳节、亲友互访或从事社交活动，妇女们便佩挂首饰，精心装扮，神采飞扬，光艳照人。

塔塔尔族是我国人口最少的民族之一，不到 5 000 人，主要聚居在新疆维吾尔自治区的伊宁、塔城、乌鲁木齐等城镇，奇台、吉木萨尔和阿勒泰等县的农牧区也有少数散居的塔塔尔族居民。

塔塔尔族人数虽少，却一样有着悠久的历史、灿烂的文化。

丝路霓裳舞翩跹

云想衣裳

丝路霓裳舞翩跹

云想衣裳

丝路霓裳舞翩跹

它是保加尔人、奇卜察克人、突厥化的蒙古人长期融合的结晶。13 世纪蒙古人西征，在伏尔加河一带建立了一个地跨欧亚的金帐汗国，其居民主要就是保加尔人和使用突厥语的奇卜察克（钦察）人。15 世纪中叶，在伏尔加河和卡玛河一带，崛起了一个新的喀山汗国，取代了金帐汗国。新的汗国自称是蒙古人的后代塔塔尔人，从此，"塔塔尔"就成了喀山汗国和附近部落居民的名称。经过长期的融合就形成了塔塔尔族。

19 世纪初，一部分塔塔尔人越过伏尔加河，经西伯利亚、哈萨克斯坦来到我国的新疆，他们就是我国塔塔尔族的先民。19 世纪中叶以后，又有许多喀山地区的塔塔尔人来到新疆。直到 20 世纪 30 年代仍有迁居新疆者，他们组成了我国的塔塔尔族。

塔塔尔族的传统服饰，男子一般多穿套头、对襟、宽袖、绣花边的白衬衣，外加齐腰的黑色坎肩或黑色对襟、无扣的长衣，下配黑色窄腿长裤。农、牧民喜欢扎布的或皮的腰带，行动起来比较方便。妇女多穿宽大荷叶边的连衣裙，颜色则以黄、白、紫红色居多。外套西服上衣或深色坎肩。男子喜欢戴绣花小帽和圆形平顶丝绒花帽，冬季多戴黑色羔皮帽，帽檐上卷。妇女则戴嵌着珠子的小花帽，外面往往还加披头巾。妇女特别喜欢佩戴耳环、手镯、戒指、项链等首饰。男女皆穿皮鞋或长筒皮靴。牧区妇女的装饰品有些独特，喜欢把银质或镍质的货币钉在衣服上。

云想衣裳

哈萨克族现有人口 120 多万人，主要聚居在新疆维吾尔自治区伊犁哈萨克自治州木垒哈萨克自治县和巴里坤哈萨克自治县。

据史籍记载，突厥、葛逻禄、喀喇契丹、克烈、乃蛮、克卜恰克等古代部落都曾是哈萨克的先民，至今哈萨克族的许多部落还保留着这些古代部落的名称。统一的哈萨克民族的形成是在 15 世纪末。

哈萨克族是个以草原游牧文化为特征的民族，与此相适应，便于骑乘的哈萨克服饰应运而生。

哈萨克男子的衣服主要有皮大衣、皮裤、衬衣、长裤、坎肩、袷袢（一种斜领、无纽扣的外套）等。皮衣、皮裤的原料多取自羊、马驹、骆驼、狐狸、鹿、狼等畜、兽的皮毛，皮裤肥大，便于骑乘。

衬衣、长裤多选用白布为原料制作而成，衬衣采用套头式，青年男子还喜欢在衣领处绣上花纹图案，五颜六色，十分漂亮。冬季，外面再套穿光面的羊皮大氅或大皮袄。夏季，男子习惯在衬衣外套穿棉或皮的坎肩，以应付他们居住地的寒冷气候。妇女多穿以绸缎、花布、毛纺织品缝制的连衣裙，在服装颜色上，喜欢选用红、绿、淡蓝色。姑娘和少妇的连衣裙，袖子绣花、下摆缝花边，十分艳丽。年轻妇女爱穿绣花的套裤。夏天，连衣裙上喜欢套穿坎肩或短上衣，冬季则套上棉衣。

　　哈萨克男子的帽子根据气候和季节的不同，种类和式样有所区别。冬季有两种式样的帽子，一种是绸缎面、羊羔皮或狐狸皮里的尖顶四棱形帽，帽子的后面有一个长尾扇，左右两边都有耳扇，用以遮风避寒。一种是用羊羔皮或水獭皮做的圆顶皮帽，用于刮风下雨时戴。夏季的帽子多以毡为原料，裁剪成几瓣再缝合在一起，以黑绒布镶边并翻起，透风性能较好。

　　已婚妇女往往戴白布制作的披肩，上面绣着各种各样的五颜六色的花纹图案。宽大的披肩不仅能遮住头、肩、腰，而且还垂至臀下，只露脸部。未婚姑娘夏天戴三角形或四方形的头巾，以针织品为面料，花色繁多。冬季则戴帽子。姑娘出嫁时的帽子具有新娘标志，戴的是一种毡里、布或绸缎面的尖顶帽，帽顶绣花自不必说，还镶有各种金银珠宝，最有特色的是垂吊在帽子前面的串珠，把新娘的脸遮住。婚后一年才能取掉它换上花头巾，做母亲了，即生下第一个孩子后，才有资格戴披巾。

哈萨克族男女老少都喜欢穿皮靴。一种是长筒皮靴，跟高、勒长，甚至长至膝盖以上；另一种是狩猎时专用的，靴跟很低，前有包头，舒适柔软，行动方便，宜于狩猎。

哈萨克妇女传统的手工艺术是刺绣，各种花纹、羊角纹、人字纹的美丽图案，既可以在衣服的领子、袖口、前襟、下摆处见到，也可在鞋、帽、靴及挂毯、窗帘等日常生活用品中见到。刺绣的种类很多，有挑花、贴花、补花、钩花、刺花等。图案颜色五彩斑斓，但着色很讲究，富有象征性。据考证，哈萨克族的刺绣艺术历史悠久，与古代中亚游牧民族的文化有渊源关系，是古代乌孙文化的继承和发展。

柯尔克孜族现有人口 16 万人。主要聚居在新疆克孜勒柯尔克孜自治州以及伊犁、塔城、阿克苏和喀什等西部地区。

云想衣裳

汉文史籍最早记载柯尔克孜族的是《史记》，把他们称作"鬲昆"。曹魏时期（公元220—265年），他们已发展成"胜兵三万人"的强大的部落联合体（《魏略·西戎传》），被称作"坚昆"。南北朝至隋时的"结骨""契骨""护骨"，唐宋时期的"黠戛斯""纥里迄斯"，元时的"吉利吉思"等，都是对柯尔克孜族的称谓，只是在各个不同的历史时期汉文译音不同而已。到了清代，柯尔克孜族又被称做"布鲁特"。

柯尔克孜族世代繁衍的地域主要是山区，高山峡谷与河流两岸，水草丰美，气候凉爽，是天然的放牧场所，所以柯尔克孜族自古就以牧业为主。在平原地区少数人还以农业为主。另外，大面积的森林地带也给柯尔克孜人提供了狩猎和采集的天然场所。

柯尔克孜人传统的男士服饰为：白色绣花边的圆领衬衫，外套无领长衫"袷袢"，多用羊皮或黑、蓝色棉布制成。还有一种长衫叫"切克曼"，是用驼毛织成的，袖口用黑布沿边。短上衣的式样为竖领、对襟扣领，平日穿用十分方便。衣外系皮带，并拴上小刀、打火石等随身用品。下穿宽脚裤，便于骑乘，适宜游牧生活。

传统的女子服饰为：宽大无领，长不及膝，镶嵌银扣的对襟上衣；下端镶有皮毛的多褶长裙；下端带皱裥的各色连衣裙；

皮制或布制的坎肩。

柯尔克孜人的帽子式样很多，一年四季，男女老少都戴一顶圆顶小帽，用灯芯绒布料制成，喜欢绿、紫、蓝、黑色，外加高顶、方顶的卷檐皮帽或毡帽。青年妇女所戴的小圆帽多为红色丝绒缝制，还喜欢戴大红色的水獭帽，顶系珠子、缨穗和羽毛，除此之外，还佩戴红、绿头巾，老年妇女则崇尚白色。

男女皆穿高筒皮靴，男靴外裹上牛皮，女靴外绣有花纹，美观实用。

柯尔克孜妇女多喜欢佩戴手镯、耳环、项链、戒指等饰物，有的地区还喜欢佩戴带花纹的银片胸饰。妇女婚前婚后的发式是不同的，未婚女子梳许多小辫，婚后则改扎双辫，并用珠链把银链、小钱币、钥匙等物系在辫梢上。

柯尔克孜族妇女擅长刺绣，她们常常在衣服的领、袖、前胸等处以及各种生活用品上绣出美丽、精致的几何图案。色彩以红、蓝、白为主，尤其崇尚红色。柯尔克孜妇女在编织领域也表现出精湛技艺，用染色羊毛、驼毛编织的挂毯、地毯，用芨芨草、红柳枝编成的帘子、围子、盖子及毡房的栅栏等，都著称于世。

塔吉克族现有人口4万人，主要聚居在新疆维吾尔自治区西南部的塔什库尔干塔吉克自治县，塔里木盆地西部边缘的莎普、泽普、叶城、皮山等地区。

根据近代以来的考古学、语言学、民族学资料证明，塔吉克族最早的先民分布在帕米尔高原的东部，公元前若干世纪就居住在我国新疆的许多地区。塔吉克族在其生息繁衍的历程中，受到了东西文化的共同熏陶，使塔吉克人的文化呈现出了多元性的特点。

塔吉克族服饰文化颇具民族特色。男子平日爱穿衬衣，外面还习惯套无领、对襟的黑色长外套，冬天着光板羊皮大衣。妇女一年四季都喜欢穿连衣裙，冷天外罩大衣。男戴黑绒布制成的圆形高统帽，帽子面上绣着很多花纹，帽里用黑羊羔皮制成。平时卷一围帽檐，天冷时则把帽檐放下，捂住双耳和面颊以御寒。女戴圆顶绣花棉帽，外出时再披上方形大头巾，颜色多为白色，小姑娘也有用黄色的，新娘则一定要用红色，表示喜庆。男女皆穿皮靴。皮靴制作讲究，靴腰用公的野山羊皮制作，底用牦牛皮，喜用黑色或红色，内套毡袜或毛线袜，舒适保暖，轻便耐磨，深受塔吉克族人民的喜爱。

传统手工艺品，是塔吉克族物质文化的重要组成部分，其中纺织、缝纫和刺绣制品尤为引人注目，所有的鞍垫、毛袜、手套、腰带等大都饰有图案，精致美观。补花手工织品也很普遍，比如用各色花布块拼出各种几何图案缝在枕头或后围裙等上面，花纹对称协调，色泽艳丽夺目。塔吉克族妇女最擅长的手工技艺是刺绣。男帽、女帽、衬衣、腰带及荷包等物上，大都绣有花纹。刺绣喜欢用红、绿、黄、紫等几种颜色的丝线。过去由于宗教原因，不绣人物、禽兽，主要绣花卉和各种几何图案。妇女尤其喜爱装饰，帽子上一块称"柯尔塔勒克"的前沿，被她们绣得五彩缤纷，盛装时帽檐上还加缀一排小银链，像缀满宝石，似遍插鲜花，同时佩戴耳环、项链和各种银质胸饰。新婚妇女在辫梢饰以丝穗，已婚少妇在发辫上缀以白纽扣，美丽的装饰把妇女们装扮得如花似玉。

锡伯族现有人口 18 万多人，在新疆的分布地区是伊犁哈克自治州察布查尔锡伯自治县、伊犁河流域的霍城、巩留、塔城等。

锡伯族最早的发源地是大小兴安岭及呼伦贝尔草原，后移居嫩江、松花江流域，清初，迁居辽宁境内，乾隆年间，相当部分锡伯族从辽宁迁驻新疆伊犁。历史地形成了锡伯族分居祖国东北、西北的局面，不同的自然条件、地理环境，也决定了锡伯族曾以游牧、渔猎、农业、半农半牧等多种生产方式为生存手段的格局。

锡伯族发源于大小兴安岭及呼伦贝尔草原一带，后移居嫩江、松花江流域。根据当时的历史条件及生活环境，锡伯人过着渔猎生活，直至 16 世纪末叶。根据他们捕鱼围猎、骑马善射的生活特征及当时的自然环境，服饰原料应主要来源于围猎所获的狍、鹿、犴等兽皮，服饰的特点及式样，也应注重实用、防寒的功效。

清初，一部分锡伯族迁居辽宁境内，乾隆年间，又有部分锡伯族从辽宁迁驻新疆伊犁，服饰也随着生活环境、经济文化的变迁而发生了质的变化。服装的原料多以棉麻土布、细布绸缎为主。

男子的服饰主要是大襟长袍或对襟短衫。长袍的式样是大襟右衽，左右两边开衩，颜色喜欢青、蓝、棕色，腰系青布带。妇女的长袍式样与男子相同，不同的是她们喜欢在长袍的领、袖、大襟等处镶有花边，把自己装扮得更加漂亮。除此之外，妇女还喜欢穿腰和下摆处多褶的连衣裙，外套短坎肩，颜色则更喜欢艳丽的红、绿、粉等色。

男子戴圆顶帽，妇女则喜欢戴各色头巾，老年妇女一般用青色或白色的头巾包头，冬季戴青色棉帽。男穿厚底鞋，女穿绣花鞋。

妇女喜欢佩戴耳环、手镯、戒指等饰物。婚前婚后发式不同，姑娘梳一根长辫，婚后则盘头翘。新娘的婚礼服饰特别讲究，服装的面料要选用质地优良、色泽鲜艳的，制作也要格外精致、考究。首饰更加复杂化，要佩戴额箍、簪子、鬓钗、绢花等，使新娘雍容华贵，光彩照人。

小孩的衣服尽量选用美观鲜艳的花布制作，再现孩子天真、活泼、可爱的天性。长辈还习惯于给孩子戴上小银镯和"长命锁"，以示他们对下一代的良好祝愿。

萨满教是锡伯族的宗教信仰之一，萨满的服饰是特制的，每逢有宗教活动，萨满都头戴六股钢盔，胸挂护心铜镜，腰围飘带绣裙，模仿各种动物的动作、形态跳萨满舞，其追逐、打斗、厮杀的场面活灵活现，充满了狩猎、游牧的生活气息，给人以如临其境的感觉，是山林文化和草原文化的特有风格。

俄罗斯族现有人口 15 000 多人，主要聚居在新疆伊犁地区以及塔城、阿勒泰、乌鲁木齐等地。

在种族分类上，俄罗斯人属于欧罗巴人种（白种人），是东斯拉夫人的一个分支。我国的俄罗斯族是 18 世纪后期从俄罗斯迁居我国新疆北部地区的。

俄罗斯族的服饰文化，具有鲜明的俄罗斯人的特点。夏季，男子多穿长及膝盖的套头衬衫和细腿裤，春秋季节穿粗呢上衣或长袍，冬天则穿羊皮短衣或皮大衣。喜庆节日，小伙子爱穿彩色衬衣。妇女在夏季习惯于穿粗布衬衣，外套无袖、高腰身的对襟长袍，下穿毛织长裙。其他季节，着装与男子大同小异。节日期间，妇女们喜欢穿绸制的绣花衬衣，领口、袖口、胸襟都绣有花纹图案，以白色居多。男女都穿毡靴、皮靴和皮鞋，夏季，居住在乡村的农民还穿用桦树或柳树皮条编成的简易鞋子。男子普遍喜欢戴呢帽和带耳罩的毛皮帽。

俄罗斯妇女的头饰有独特的风俗，婚前婚后界限森严。姑娘梳辫子时，要同时把彩色发带和小玻璃球编在辫子里，辫子长长地下垂，头发可以露在外面。已婚妇女的独辫被两条辫子取代了。由于头发不能外露，所以，她们就将两条辫子盘于头顶，再用头巾或帽子罩上。在长辈面前露头发被视为不礼貌的行为。妇女们喜欢佩戴耳环、项链等饰物。受宗教信仰影响，有些老年妇女胸前还佩挂十字架。

同其他民族一样，随着时代的发展，传统服饰受到时装的冲击，已发生了很大变化。如今，男子身穿西装，头戴鸭舌帽，有的还穿呢子大衣。妇女也有穿西服的，但穿连衣裙和腰裙的还是居多。

织锦唱着古老歌谣

　　10年前的那天上午，我没有来得及收看中央电视台正准备播出的对我的专题采访节目，就匆匆登上了南行的列车。

　　此行，我是去追寻和考察藏族、蒙古族等民族常用的服装面料——南京云锦。

　　南京云锦工艺是我国数千年织锦历史中唯一流传至今尚不可被现代机器取代、挖花盘织凭人的记忆编织的传统手工织造工艺。又由于云锦长期用于专织皇室龙袍冕服，在织造中往往不惜工本，精益求精，以至于把中国的织造技术发展到了登峰造极的地步。

织锦唱着古老歌谣

云锦，以及中国各少数民族的织锦，唱着古老的歌谣，一直走到了今天。

传说，在很久以前，湖南湘西的一个山村里有个叫西兰的土家族姑娘，心灵手巧，织花技艺非常高超，能把大自然中看到的每一种花都织进她的布（即"卡普"）里。所看过的花都织完了，她想，世界这么大，我没有织过的花一定还有很多。

于是，她四处求教。

可是，问遍了村里的人，大家都认为她织的花比自己看到的还要多，世界上的花已经被她织完了。

一天，来了一位白胡子老公公，告诉她，在她家后面的山坡上，有一种白果花，非常美丽，应该织进布里，只是要亲眼看到这种花很难，因为只有最聪明最有耐心的姑娘去等着它，它才会开放。

西兰姑娘决心要看到这种美丽的花，所以每个夜晚都独自悄悄地守候在白果花树下。终于，在一个春天的夜里，她等到了白果花树开花的时刻，也采到了花样。

可是，就在这时，不幸的事情发生了。她的嫂嫂诬她外出私约，于是她遭到父亲的毒打。

她再也起不来了，可手中却还一直紧紧地握着美丽的白果花。

织锦唱着古老歌谣

就是为了纪念西兰姑娘，土家族人民把土家织锦叫做"西兰卡普"，并一直沿用至今。

"西兰卡普"，是我国五大织锦之一，其编织工艺很早就享誉天下，其历史源流可以追溯到公元前316年或更早的年代。《后汉书·南蛮》中即有"染成五色，织为斑布"等记载。1982年湖北马山战国中期楚墓出土的大量丝织物更是证实了土家族先人的纺织术同当时巴蜀、楚文化繁荣发展的渊源关系。之后，各代对此的史料记载更多也更为明确。比如，《隋书》关于"五色斑布，衬布"的记载，宋代关于"土人奉贡'溪布'"的记载，《大明统一志》关于"土民喜五色斑布"的记载，清乾隆年间《永顺府志》关于"斑布，即土锦"，"土人以一手织纬，或间纬以锦，纹陆离有古致"，"机床低小，布绢幅阔不逾尺"的记载。此外，龙山等县的明清方志中也均有多处记载。

"西兰卡普"编织工艺独特，与其他织锦不同，纹样丰富，多达120种，在各族织锦中独树一帜。织制时，用一手织纬，一手挑花成彩色，是一种通经断纬，丝、棉、毛线交替使用的五彩织锦，纹样极富特色。

"西兰卡普"十分注重色彩的对比与反衬，强调一种艳而不俗、清新明快和安定、调和的艺术效果，体现了土家族豪放、粗犷、大方的民族性格。

织锦唱着古老歌谣

土家族织锦在民间的应用主要体现在日常生活用品和服饰上，同时它亦是土家族姑娘陪嫁、定情的必需品。土家姑娘一般从九、十岁起就跟随母亲学织锦技艺，图案花色由简到繁。待成年后，经验积累到一定程度，常织的纹样就会牢记在心中，操作时无须蓝本。在龙山洗车河沿岸的村寨中，几乎家家户户都有织机，姑娘人手一机，谁家有几个女子就有几台织机的现象很常见。当地的人们以姑娘们能织纹样的多少和织制是否平整、配色是否乖巧论她们的聪明与否。

土家织锦整体面貌粗犷、朴实、绚丽多姿，反映出土家民族勤劳淳朴、热情向上的精神面貌。

据史料和出土文物分析，约在一万多年前的旧石器时代末期或新石器时代早期，壮族地区就已经出现了纺织的萌芽。

在柳州白莲洞、桂林甑皮岩遗址都发现有以兽骨制成的骨针。这种骨针已制作得相当精巧、光滑，与现代针形相似，针尖锐利，针尾钻有小孔。在广西平南石脚山、柳江成团等地的新石器时代中晚期遗址里，发现有许多纺轮，据考证，这是当时先民们用作捻线的工具。有石制的，也有陶制的，呈圆饼形或算盘珠形，其形体中间皆钻有小孔。这是壮族地区迄今发现的最早的缝制和纺捻工具。

织锦唱着古老歌谣

武鸣县境内的战国墓中发现的一小块包裹在铜片上的麻织布，是壮族地区最早的纺织品。

壮族的壮锦，早在唐宋时期便已产生，明代被列为皇室贡品，跃居名织品之列。至清代时，壮锦在壮乡已十分普遍，且畅销市场。

清代沈日霖在《粤西琐记》中赞扬壮族妇女织锦的技艺说："壮妇手艺颇工，染丝织锦，五彩烂然，与缂丝无异，可为茵褥。凡贵官富商，莫不争购之。"

壮锦，系以原色（白色）纱线为经，以红、蓝、紫、黑、黄色等五彩线为纬，经纬交错穿梭，织绣成各种花纹图案。其染色的颜料都是壮族妇女从当地的野生植物和矿物中提取出来的。如红色纱线用赤铁矿粉浸染；橘黄色用黄枝子加入红花粉、赤铁矿粉染成；黄色用黄枝子果和槐花染成；蓝色用伏青粉染成；其他颜色用上述几种颜料配制而成。所以，壮锦是集织绣、印染、美术、装饰与实用于一体的完美传统工艺，以别致的图案，绚丽的色彩和结实耐用而驰名中外，跻身于中国少数民族名锦之列。

壮锦图案反映的题材十分广泛，内容多取吉祥喜庆之意和象征幸福美好的愿望，以生活中接触到的动、植物为依据，抒发自己的情感。如动物中的龙凤、狮子、蝴蝶、鸳鸯、鱼、蝙蝠、蜘蛛、青蛙，植物中的牡丹、莲、菊、梅、石榴与八宝、

花篮、万字、回纹以及山川祥云等，均为编织对象，寄托自己的理想。这些素材通过壮族民间艺人细致的观察和丰富的想象，根据壮族人民的群体审美理想和需要，用比喻、象征、寓意手法创造了丰富多彩、别开生面的主题内容。如凤凰和花、龙和珍珠分别组合构成"双凤赏花""双龙戏珠"的图案纹样，寓意生活幸福欢乐。"龙凤吉祥""狮子滚绣球""双凤朝阳"则象征吉祥。还有"五彩花""回纹""福禄寿"也是如此。

壮锦图案无论在题材和内容、图案组织、纹样造型和色彩的运用上，都有其独特风格，并明显地区别于其他民族织造的艺术图案。这些图案除了体现某种特定的制作目的和设计意图外，充分地表现了壮族人民的生活情趣及对美好生活的向往与追求，从一个侧面反映出壮族人民物质生活和精神生活的状况，是壮族人民勤劳、智慧、爽朗和纯朴品格的折光。

1956 年，广西靖西 32 个家庭织锦妇女聚集在一起，建起了壮锦厂。她们把自己的木织机、仅有的一点丝绒线拿来入股，开始了艰苦的创业。用手工编织速度很慢，后来政府贷款给她们扩大生产，增添新织机，招收新工人，工效比手工编织提高十多倍，织锦技艺也发生了质的飞跃。过去的传统纹样图案有 20 多种，近年已发展到近百种。

侗族人民传统的侗锦染制材料是以草本植物蓝靛为主的，在长期操作过程中，她们不断总结经验，染出深浅度不同的色纱，有黑、蓝黑、蓝、浅蓝等不同的颜色，使侗锦的色彩显得古朴而艳丽。

在织造时，一种情况是在机头上安装竹笼，竹笼里预先编排好花纹图案，每笼设计为一个单元的花纹组织。以此编织的侗锦，多是素色，经线为白色，纬线为黑色，经纬也可相反，利用经纬异色而显示花纹。局部可以手工加入同样粗细的彩线或彩丝作为纬线显彩色花纹图案。正面彩纬覆盖于跨越线上，背面则是彩线线头，其提花是通过机头的"花笼"和"编花竹"引导织物开口织造显纹。

在民间，侗锦的织造过程一般是先将设计好的图案用挑花纹的方法挑拣出来，再用编花竹条将线编排在花笼上，织时按照花笼上的编花逐次转移，在综线牵引下，花纹就呈现于锦面了。这种简易的提花方式可以说是现代龙头提花机的前身。织物分三梭完成，第一梭是花纹纬，第二梭是地纹纬，第三梭是平纹纬。排好顺序后，织造速度较快；另一种情况是织造不带竹笼，手工操作，精致细腻，织锦时需要高超的技艺，一般的姑娘是难以胜任的。以六侗地区庆云一机具为例，在机具上共有150余根档纱竹签，编织者需记清按编织图案所需要提、按的竹签顺序，一根稍有错乱，即影响全局，凡见到过这种机具织锦的人都无不为之惊讶和赞叹。这种织物多为彩色，耗工费时。

侗锦的原始产区主要分布在湘西南的通道县及与之毗邻的贵州黎平县，广西三江、龙胜县等。民间织机一般长约5尺，宽约2尺多，高约3尺，由机架、经轴、卷布轴（滚板）、绊带、踩棍、竹扣、棉线综、绞棍、挑经勾（有牛骨挑、铜挑或竹

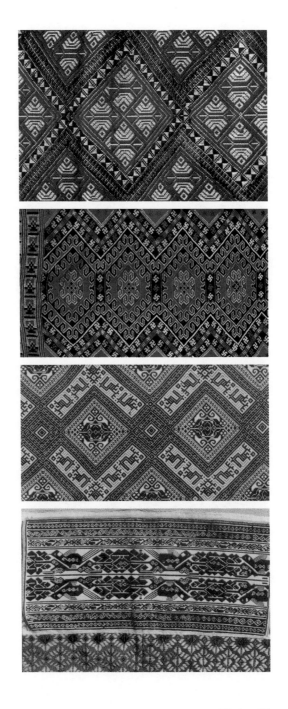

挑）、花筒、布撑和大木梭（土语称布刀，有打纬过梭功能）等几个部件组成，还需牵线、整经和纺纱、络纱及染纱的工具。而编织带子一类的小织物，可以不用织机，以身体为机具，辅以柱子等简单的工具，即：伸出自己的脚，线的一端挂在大脚趾上，另一端拴在腰上，或一端捆在柱子上，一端拴在腰上，仅用一小把手梭子即可编织。这梭子可长可短，五寸、三寸、一寸半不等，灵巧方便。

原始的侗锦图案结构比较简单，风格纯朴，以人字形、十字形、口字形、之字形、米字形和万字形等抽象图形为主。后来由于历代文化的演变和织造、色纱技术的不断改进，侗锦的组织构成及色彩更加复杂化，同时内容也变得丰富多了。侗锦图案丰富至极，有近百个品种，分为植物纹、动物纹和抽象符号几何纹三大类。以抽象符号构成的几何纹最多，但大部分已无从考究其明确含义。

侗族织花带长达180厘米，有多种用途，常用于背小孩和系腰带。侗女的织造技艺，通常以背带花为代表作。一般都是在她们出嫁前，也是技艺最娴熟的时候着手做背带花。不仅制作工整，工艺细腻，同时图纹精美，内涵丰富，色调和谐，构图严密而醒目。

侗锦常用于头巾、服饰面料和背小孩用的背带背包等。侗

锦在青年男女的爱情中也发挥着一定的效能。侗族的"朋地瓦"是青年男女集体的社交活动，在这种活动中，如果姑娘选中了意中人，她就会将精心编织的侗锦送给意中人，作为定情之物。

海南黎族素以纺织技艺高超而著称，战国时期就能够用棉花织成有纹彩的"织贝"。在宋代，黎族的棉纺织技术已经超过中原地区。

黎族的纺织工具很多，有轧花机、弹棉机、捻线纺轮、脚踏纺车、绕线架、经线架、撷染架、踞织机等等，用这些纺织工具，织出了黎锦、黎单、黎幕、崖州被、筒裙、花带、花头巾等衣物，色彩斑斓，图案新颖，质地细腻，经磨耐用，被列为朝廷贡品。

黎锦包括佬锦、赛锦、美孚锦、杞锦等。

佬锦以编织和刺绣工艺为特点，分为三星锦、四星锦和陵崖锦三种。三星锦以几何形表现形象，将各种花纹织在筒裙上，色彩古朴；四星锦主要在后幅背脊间绣花枝纹，或以人纹在前后衣缘边绣菱形连续式几何纹样，下系铜铖、铜铃、线穗、珠子等，产生有声有色的特殊装饰效果；陵崖锦主要在黑底筒裙上织花，图案繁多，色彩以紫红、棕色为主。

赛锦以编织工艺为其特点，造型以线为主，用折线手法表

织锦唱着古老歌谣

现。织花主要在裙头和裙尾，以菱形连续纹样组成几何形图案。一般金黄色为其基调，缀以紫红、翠绿、青蓝，产生满地锦簇的艺术效果。

美孚锦以扎染工艺著称。其制作方法上，先将已排列在特制木架上的经线扎成花纹，再撤下经线，放入黑色、青色或蓝色染缸浸泡数次，晒干，拆去扎线头，然后排线织花。浸晕的色斑配上织花，具有若隐若现的效果。

杞锦以刺绣工艺为特点，多用于女服装饰。绣在女衣后幅腰部的，称为"腰花""后幅花"，绣在前幅的，称为"口袋花"。

说到黎锦，就不能不说到一位在中国历史上赫赫有名的人物，那就是宋末元初汉族女纺织家黄道婆。

黄道婆是淞江乌泥泾也就是今天的上海华径镇人。年轻时，因不堪忍受公婆的虐待，只身离开家乡，颠沛流离，辗转来到海南岛的崖州。在崖州的30年中，她与黎族同胞结下了深厚的感情，不仅学会了黎族语言，更学到了黎族技艺精湛的一整套纺织技术。返回家乡后，她将黎族的纺织技术与江南原有的纺织技术相结合，改进纺织工具，形成新的工艺，并在内地汉区普遍推广，有力地促进了我国纺织业的大发展。

黄母祠内有这样的咏诗：

前闻黄四娘，后称宋五嫂；

道婆异流辈，不肯崖州老。

崖州布被五色缫，组雾细云粲花草；

片帆鲸海得风归，千柚乌泾夺天造。

在上海，与黄道婆有关的祠、庙、堂、楼有 10 多处。每逢农历初一、十五，都有人在黄母祠、黄道婆墓前祭供香火。

成就了黄道婆的黎族人民，也将随着黄道婆的被传扬而美名广播。

自古以来，男耕女织一直是人们最基本的生产方式。人们围绕着衣、食、住、行从事着造物活动，织锦工艺是自然经济状况下的一种手工艺制作，它在人们的起居、服饰、祭祀、礼仪诸项民俗活动中起着极为重要的作用。它既是以实用为先导的生活必需品，又是一种不断完善、不断更新发展的艺术创造，具有浓重的感情色彩和个性风格。

据考古发现证实，纺织起源于仰韶文化时期，那时，先民们已会利用剥下的野麻皮，使用纺轮和纺专捻制麻线，再用简单的织布机织成麻布。虽然织物粗糙，但却是原始先民们基本的

云想衣裳

衣料。父系氏族公社时代，苎麻织品和丝织物诞生，用苎麻织成的平纹细布，质地细腻、柔软，比过去的粗麻布有了明显的进步。新石器时代河姆渡遗址出土的木刀、刀纹棒、卷布棍等原始机件，进一步证实考古学家的结论。

到了商代，丝织业得到进一步发展，人们能以家蚕吐丝为线织成各种丝织物，如绢片、丝带和丝线等，为日后纺织业的迅速发展奠定了基础。春秋战国及汉代画像石上大量展现的缫车、纺车、脚踏斜织机等手工机具，与今日民间织造工具基本上是相同的。

历史上，许多少数民族都有着高超的纺织技艺。到了汉代，我国少数民族的织锦工艺已经相当发达。从出土的古代文物当中，我们依稀可以寻到各族人民织造技术的线索及其久远的历史。

除了以上所说的土家族、壮族、侗族、黎族织锦之外，傣族、苗族、瑶族、彝族、景颇族、基诺族、毛南族、仫佬族、高山族等民族的织锦工艺也都各有特色，独具风韵。

我想，如果把各个少数民族的各种织锦铺展开来，那将是一条浩浩荡荡、无边无际的彩色长河，它表达着民族的文化积淀，更折射着民族的文明之光。

绣出百彩千辉

十几年前的一个秋季，我第一次走进广西龙胜的红瑶寨。

红瑶，是瑶族的一个分支，因其服装均为红绒丝线挑花制作，因而便有了"红瑶"这个美丽的名字。

在红瑶寨，妇女和老人听说我是研究民族服饰的，纷纷把各自家中最有年头的以及她们最为得意的服装和银饰品拿出来让我看。真是一件比一件灿烂，一件比一件珍贵，简直让我目不暇接。

一位80多岁的瑶族老妈妈拿着的一件花衣吸引了我。因为，这件花衣上的图案，与我所喜欢的一件收藏品的图案几乎完全

一样：一只山羊正调过头来舔自己的脊背，那动作既优美又可爱。我问老妈妈，这个图案的创作者是谁，没想到答案竟然就是老妈妈自己。

原来，老妈妈年轻时，有一天在山上看见了山羊的这个动作，感到很活泼，于是就把它绣在了衣服上。她说，那个图案的名字叫"羊回头"。

刺绣是以针法、色彩和图案的变换配合为手段，制造出极具装饰效果的产品，从而成为服装和其他纺织品装饰的重要组成部分。

刺绣技法分为彩绣、白绣、十字绣（挑绣）、补绣和雕绣等。

瑶族刺绣在服饰上普遍应用。因此，瑶家女性，一生都离不开刺绣艺术。从五六岁起，她们便将含苞待放的年华奉献给

云想衣裳

刺绣艺术——在母亲手把手的严格训练下穿针走线，年复一年，从不间断。刺绣，是她们智慧的结晶，也是她们审美情趣、艺术修养、思想感情物化的产物。她们用纤细的绣花针和色彩缤纷的丝线所绣出的，是自己的生活、理想和憧憬。据说，每件花裙，她们要挑数十万针——这可是一个巨大的工程。待到出嫁时，打开她们的女儿箱，那一件件凝聚着她们智慧和汗水的陪嫁花裙，会诉说出一个个曾经让她们心动的故事。

挑花工艺，在瑶族服饰的刺绣工艺中占有举足轻重的地位，极为盛行。它以自织自染的黑青粗布和彩色丝线、绒线为料，利用布料的经纬线，按照自己构思的图案将布叠成若干部分，数纱下针。先挑出大框架、再挑小框架，然后往框架中填充花样。多选用十字挑、平针挑、长十字针、平直长短针、挑长短针、平挑长短针等针法。瑶族挑花精美别致，技法独特，不用事先在布料上绘制图案，全凭自己的聪明才智驰骋丰富的想象力，根据不同的需要，心灵手巧地在自织土布的经纬线交织处，一针一线地挑出各种图案对称、色彩和谐、形象逼真的花纹图案。纹饰主要取材于生产、生活中所熟悉的自然景色和动植物形象，如富有生机的花草，满天飞舞的蝴蝶，飘浮不定的云彩，秀丽的青山绿水以及谷仓花、芭蕉花、柿子花、羊角花、团花、豆腐花、鸟花、蝴蝶花、螃蟹花、虎爪花、大小树花等，绣入

方形、圆形、菱形、齿状形等框架图案中，充分表现了瑶族人民对五谷丰登、瓜果满园的向往与祝愿，具有浓郁的山区生活气息。

不同支系、不同地域的瑶族，其挑绣风格迥然不同。金秀盘瑶喜爱在红底布上用黄、黑、绿、白等色线挑绣对称方格和光芒形图案；南丹裤瑶小孩背带喜用浅蓝色作底布，用黄、橘黄、红等色线挑绣十字纹或预示吉祥的寓意纹饰；融水安陲红瑶多以黑布作底，用黄、天蓝、白、紫色绣成点状组成十字和铜鼓的芒纹图案。

茶山瑶族盛装时，系两端绣花的黑布腰带，戴两端绣花的黑绸头巾，注重对称美。妇女服饰的领襟、衣背、胸前、袖口、裤腿及裙身、裙角等处饰大面积几何纹挑花。三角帽上绣着奇花异草，飞禽走兽，五彩的丝线把帽子装点得五彩斑斓。妇女盖头巾上的挑绣工艺十分独特，一般以长约 77 厘米，宽 56 厘米的长方形黑布做底，用各色丝线施满挑花图案。用十字挑花、平针挑花、独针绣等多种针法，绣出自然景物，树花跃然盖在头巾上。

绣出百彩千辉

瑶族妇女的传统服饰之一——云肩,披挂在胸前背后,起装饰作用,上面有红黄二色丝线绣制的菱形十字挑花,独针绣鸡冠花,平针绣人仔花,使云肩达到了锦上添花的装饰效果。

苗族的刺绣工艺也独树一帜。

从苗族服饰的装饰部位看,主要是集中在衣背、衣袖、袖肘拐、衣肩、衣领、衣边、背扇、围腰、裙缘等处,突出了实用功能。因为这些地方容易磨损,所以借绣花、贴花等手段延长其寿命。以后这些部位就成了装饰的重点,有的甚至成了支系的标志。

随着历史的演进,织绣工艺的装饰功能得到扩充和发展。比如人们喜欢把花纹重点织绣在衣后和衣侧,为的是能博得身边和身后人们的欣赏和赞誉,这与中国人含蓄的性格是相吻合的。另外,人们还喜欢将日常的装饰品——飘带、头巾、绑腿等绣上各种花纹图案。

苗族男女皆着绣花衣,俗称"花花衣"。衣服的领、袖、肩、襟等部位都绣着花纹图案,题材多为鸟、虫、鱼、虾、龙、狮、虎、象、蝴蝶、枫树和菊花等飞禽走兽和花草鱼虫。有的图案反映远古传说,也有的象征吉祥、歌颂爱情,还有的颂扬苗族人民勤劳勇敢等。

　　苗族的节日盛装，更是服装艺术的宝库。黔东南清水江一带的苗族"百褶裙"，裙面以绣花、挑花、镶花等技艺，用彩色丝线绣制着异彩纷呈的花纹图案，把节日的盛装装饰得五彩斑斓，给苗族节日增添了一道亮丽的风景。

　　苗族地区清水江边的旁海、湾水及重安江一带，刺绣多以几何纹组成图案。这是因为这一带苗族的刺绣依布的经纬纱行针，圆线、曲线较少。衣背、袖口、领口都绣着精美的纹样，工

艺水平高超，装饰效果良好。

苗族刺绣工艺中，还有一种很独特的绣品，称为平绒绣。它可以采用欠针法（古代称为错针）区别色相，使花纹浓淡相宜，花叶阴阳有别，几乎达到了以假乱真的效果。

由于苗族居住的地域广泛，不同地区的苗族刺绣技法有别，装饰效果也不尽相同。如黄平妇女花裙的裙脚由四道横向纹样组成，由下至上分别为"小人花""雀翅花""屋脊花"（三、四两道纹样相同，有人也称之为"龙花"）。第一、二道采用刺绣技艺，第三、四道选用编织手法。着盛装时，还需系上织绣结合的、花纹精美的花飘带。黄平妇女刺绣时，不画样，而是数纱挑绣，反面挑，正面看。用有光泽的丝线绣制的花纹，上面再用有绒感的粗线点缀，立体感很强，具有雕绣的效果。

雷山妇女盛装着大花衣，在制作工艺上采取刺绣、编织相结合的技法，底纹为织花，织花上以绣花作穿插点缀，工艺考究，图案丰富，多以蝶、鸟、雀、燕、谷物、花卉等纹样表现主题。

苗族挑花刺绣一般用剪纸做底样，也有的信手绣出。图案的造型、色彩、构图等事先都精心设计，多为生活中熟悉的形象。刺绣风格粗犷、色调艳丽、针法多变，民族风情浓郁，有别于其他民族的刺绣。

苗族刺绣的技法有平绣、破绣、缠绣、轴绣、贴花绣、绉

绣、辫绣、结绣、卷绣、打字绣等十余种。其中，缠绣、轴绣、
辫绣、打字绣等，是其他民族刺绣很少用到的技法。缠绣与轴
绣技法经常相互结合，操作时用两根针引线，相互交错，反复
将线缠绕在轴上，多用来绣制图案的边沿。辫绣是将8—10余
根丝线编成长条形辫子，然后盘结成一定的图案，用线钉实，
装点服饰。打字绣则利用针法上的技巧，前后针绕结，形成无
数小圆点组成图案。这些特殊针法都是为了追求刺绣图案的生
动活泼和富于立体感。是苗族刺绣的重要特色，也是苗绣的生

命力所在。

苗绣在苗族服饰物中的装饰作用十分重要，装饰效果特别突出。苗绣使苗族服装具有经久不衰的魅力。

在中国传统的民族刺绣工艺中，蒙古民族有自己独特的刺绣艺术。

蒙古族妇女自古以来有善于刺绣的传统习惯。但它的悠久历史却鲜为人知。实际上，在古代，不论蒙古贵族妇女，还是贫苦的妇女，从小就学习刺绣，绣各种荷包、袜底，到十五六岁掌握了一定刺绣方法后就开始绣各种花鞋、马海靴等，甚至各种套袖、衣襟、耳套等，在各种不同的底布上刺绣各种花卉、鸟兽。蒙古族自己所用的花鞋、靴子、针扎、碗袋、枕套等所有生活用品都是用自己的手精心地设计和刺绣出来的。

早在元朝以前，古代蒙古人在生活中就很注重刺绣艺术，并且应用范围很广。元朝建立之后，政府机构中专门设有绣帽局、纹锦局、鞋带斜皮局、鞍子局等机构，这些都与刺绣艺术有关，可见当时对刺绣的重视。《元史·舆服志》规定："一品至三品，许用金花刺绣纱罗"，采用金线绣；"四品、五品用刺绣纱罗，六品以下用素纱罗"。高级的官吏们都戴着大红、桃红、紫、蓝、绿等色织锦的暖帽，穿着织金锦。由于织锦工艺繁盛，所以金银线绣也非常流行，以便和色彩辉煌的织金锦（蒙古语为纳石失）服装相协调。

民间的服饰物也五彩缤纷，刺绣运用极较普遍。《清秘藏》等记载，元代的民间刺绣风格粗犷，画绣相合，虽然不如宋代精细，但却省工省料，即"用绒稍粗，落针不密，间用墨描眉目"。

1976年11月，在内蒙古集宁的元代古城中发掘了一件珍贵的刺绣衫，上面竟绣了仙鹤、凤、兔、鲤鱼、鹭鸶、牡丹、兰、灵芝、百合、竹叶等90多个大小不同的图案，风格秀丽，运用了打籽、辫子股针、抢针、鱼鳞针等针法。

绣出百彩千辉

云想衣裳

蒙古族刺绣是用彩色丝线、棉线、驼绒线、牛筋在绸、布、羊毛毡、布里阿耳皮底子上绣花。刺绣的方法种类很多，结合蒙古族生活的不同材料和具体制作方法，在造型、纹样、色彩的选择等制作上各有区别，各显其巧，各具特色。

绣花，蒙古语叫"花拉敖由呼"，一般用黑色绸布或大绒做底子。蒙古族在绣花时常常选择自己喜欢的犄纹，各种盘肠图案，还有杏花、牡丹、江西蜡、荷花、桃花、鱼、马、鹿、蝴蝶和鸟类等。有时用青色底布绣绿叶红花，一般花叶不重叠，色彩绚丽夺目，厚重强烈，富有装饰性。蒙古人绣花时一般没有绷架，直接用手捏绣，操作简单自由，绣花时较多地选用对比色，红花绿叶，绣时常采用退晕法，浓淡层次分明，色彩协调而美观。

针法是刺绣中操针运针的方法，是在实践中产生并逐步发展起来的技法。蒙古族刺绣针法很多，常见的有齐针法、散套法、施针法、接针法、打子绣、退晕法等。

用齐针法绣制的饰品线条排列均匀，整齐。具体的绣制方法为：沿纹样的外缘起针落针，线条有序排列，一针紧跟一针，不能重叠，不能露底，均匀齐整，故为齐针。

散套法，即线条长短不一，参差排列，起针落针相嵌前行，线条有重叠之处，皮皮相送。其刺绣步骤为：第一皮出边，靠外刺绣整齐，内部参差不齐，挂针一针挨着一针的紧

密。第二皮地"套"，要求线条长短相等，但不要求排列整齐，挂针是一针与一针之间有一针长短的间隔距离，挂针稀疏，一般第二皮与第一皮的线条选取不同的颜色，突出色彩的丰富。第三皮线条与第二皮颜色保持一致，但要嵌入第二皮线条之间压在第一皮线条上。最后一皮挂针紧密，边缘绣齐，整体感觉就是外缘整齐划一，内部线条参差活跃，能够生动地再现花鸟的姿态。

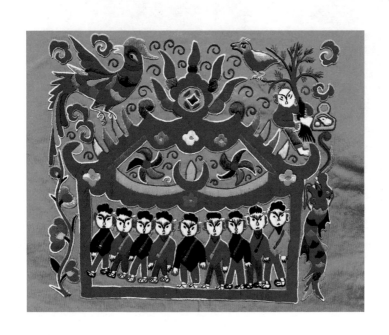

　　施针法的特点是以稀针起绣，逐层加密，刺绣线条自然排列，不拘一格，线条间可镶嵌其他颜色的线条，适合于绣飞禽走兽。

　　接针法，即用短针一针衔接一针连续进行，首尾衔接连成条形。"打子绣"的绣法为：一手将线抽出一定的长度，一手把针拉住压在底布上，把线在针上绕一圈，将绕好的线圈按在绣地上，针尖在接近线根处侧刺下，将针拉下，布面即呈现一粒子，重复刺绣，组成绣面。因为每绣一针见一粒子，所以称之为"打子绣"。妇女们常用这种方法绣鸟的眼睛、花蕊等，效果良好。

"退晕法"，蒙语称为"莎吐兰敖由呼"，即用齐针分皮前后衔接而成，由外向内或由内向外进行均可，只要顺序进行，再利用同种色减弱的色相丝线，依次刺绣，色相逐渐变弱，绣出的图案就可很好地表现出"退晕"效果。

蒙古族妇女娴熟地运用这些刺绣针法，把各种题材的花纹图案，随心所欲地刺绣在服饰上，大大增强了蒙古族服饰的艺术效果和魅力。

羌族妇女挑花刺绣久负盛名。

早在明清时代，挑花刺绣就已经在羌族地区盛行。羌族女子从小就受到严格的训练，常常在耕种之余纺线、织麻布、织毡子和挑花刺绣。姑娘们一生挑花刺绣的高潮是在出嫁的前夕。她们操作时，不画线，不打样，仅凭智慧、灵感和娴熟的技巧，以五色丝线或棉线，信手挑绣成具有民族风格、绚丽多彩的各种几何图案、自然纹样或花卉麟毛。

羌族挑绣图案题材广泛，源于自然，来自生活。劳动人民受大自然的熏陶，长期观察自然景物——日月山川、飞禽走兽、花鸟虫鱼等，加以体会揣摩，产生了线条、颜色、节奏等灵感；所以很自然地在挑绣图案中摄取这些景物为素材，通过模拟、提炼、概括，使之规则化、艺术化、抽象化，从而再现了自然与生活。

挑绣图案大致可以分为：各种规则的几何图纹；表现日月山川的花纹；植物中的花草、瓜果；动物中的鸟兽虫鱼以及人物等。图案所示的内容则多为吉祥如意以及对幸福生活的憧憬与渴望，如"团花似锦""鱼水和谐""蛾蛾戏花""凤穿牡丹""瓜瓞绵绵""五谷丰登""群狮图"等数十种。这些装饰性很强的花纹图案，无论是在羌族群众的腰带、衣裙、围腰、鞋沿、鞋带上，或是在妇女的头帕、袖口、衣襟甚至袜底上都可随时见到，无不秀丽精致，栩栩如生，千姿百态。

挑绣的针法除多采用挑花外，尚有纳花、纤花、链子扣和平绣等几种。挑花精巧细致，纤花、纳花清秀明丽，链子扣则刚健淳朴，粗犷豪放。挑花的色彩，以黑白对比的居多，也有用少许色线挑的；有的飘带全用色线参差分条排列，采用纳针法，对比强烈，绚烂夺目，如五彩虹霓。

羌族的挑绣不仅结构完整，物象突出，色彩富丽，工艺精巧，具有愉悦性，而且借助那密密麻麻的针脚，增强了衣物磨损处的耐磨性能，延长了使用寿命，具有实用价值。

在古代东方民族中，百越是最早种植棉花，纺织布匹的。种植与纺织业的发展，刺激着百越民族织绣工艺的发展，用织绣图案装饰服饰，在百越时代已蔚然成风。

　　古代百越包括侗、布依、水、傣、壮等几个民族，他们在发展棉纺织品的同时，不断创新，充分运用刺绣技艺装饰服饰，美化生活，为民族传统工艺的发展做出贡献。

　　侗族的刺绣方法多种多样，有连环锁绣、铺绒绣、结子绣、错针绣、盘涤绣等。铺绒绣较为普遍，是广大农村妇女常用的刺绣方法。它以紫、蓝、黑、青等为底起花，以折枝图案为剪纸底样，然后采取平绣的方法刺绣成艺术品。南部地区的侗族妇女经常用这种方法刺绣成卡胸的领角花、鞋面花、背带花、小孩的帽花等。

　　具有古老传统的侗族挑花是侗族妇女们经常采用的刺绣方法，她们常在白布或深色布上用丝线或彩色棉线挑绣成花。挑花有"三要"，一要数纱，二要架十字，三要反面用针，图案具有很强的装饰效果。数纱是挑花的关键一步，要非常认真、谨慎，错乱不得。看来很简单的挑花艺术，实际操作起来则相当麻烦，如在质地细腻的布上挑花就更要费工费时了。传统挑花技法因花样不同而灵活多变。有的花样仅一道工序就能完成，有的两道成花，有的需三道以上工序方能成花。

　　十字太阳纹是侗族挑花刺绣的常见纹样，巧妙的构思，绚丽的色彩，给侗族服饰增添了几分俏丽。侗族人祭祖时穿芦笙衣，其包裙上镶有很多形状不一、大小各异的红黄蓝等色的绸缎补子团花，补子花上绣着精美的花、草、鱼、虫等图案，装饰效果十分突出。

纳绣鞋垫，是侗族姑娘的绝活。她们按照布纱的横、直、斜纹路数着纱线纳，图案为菱形、波浪形、散点花形、直条形、放射形及桃花、梅花、蝴蝶花、豆荚花、雪花点、龙、凤等，内容丰富，情趣盎然，赢得了人们的喜爱，被亲切地誉为"脚下的艺术"。

布依族女子上装，其袖由三截花布组合而成，中间一段采用了手工刺绣技艺。

布依族女衣的前襟领排上绣有八角花、茨藜花等，摆边绣上两指宽的五色花。围腰、腰带、鞋面都绣着花纹。姑娘的盖头帕上，以红、黄、蓝、青、紫等彩色丝线绣着八尾鱼、四只雀鸟和一朵八角花。两只耳朵的上方，对称着两块四方绣花汗帕。已婚妇女戴假壳，即用布和花帕包裹着竹笋而形成的宝塔形头饰，两端及中间都用彩色花线绣着花。一段绣有牛、羊、鱼、龙等，布依族叫"万私"，即象征着万贯金银；另一段布依语叫"答令"，上面绣有太阳花、海波浪等。

布依族刺绣具有民族特色，花样丰富，但颜色淡雅，反映出布依族人民恬静的性格。

水族服饰刺绣工艺多样，唯以马尾缠绣最富特色，其制作方法，是用手工将白色丝线缠绕在马尾丝上，成为类似琴弦那样的白色绣花线，然后将这种白色绣线盘绣于花纹的轮廓上，中间部位用彩色丝线填绣，多用于装饰童帽、背带及绣花鞋等。

马尾背带集中体现了马尾绣的精湛技艺。背带通体绣着精美的马尾绣图案，是精致的艺术品。制作这样一件背带一般要花一年多时间。马尾绣背带中心图案是一只大蝴蝶，由几个绣片组成。大蝴蝶四周的四个长方形，五个正方形，两个变形梯形，组合成一个方块，好似贵州高原上大大小小的梯田。几何形绣处里的花草、鱼虫、蜜蜂、蝴蝶、石榴等纹样，均用流动曲线造型，有波光粼粼的整体效果。

关于水族马尾绣花鞋的来历，老一辈妇女说是为怀念故土而设计的。祖先们为避难沿河而上，长途跋涉，一步三回头，远眺故乡的山和水，河水淹湿了鞋，鞋上沾满了野花。这种难忘的情景被先辈绣在鞋上，流传至今，便成了今日水家妹子爱穿的绣花鞋。尽管纹样形式变化多样，却都离不开浪花和野花。它记载了水族人民的迁徙史。

壮族妇女刺绣，不直接施于衣物上，而是把剪好的剪纸花或布贴于绸、布上，然后再按设计意图采用平针、抢针、盘针等不同的针法刺绣。图案纹样有二龙戏珠、独龙、双凤朝阳、凤穿牡丹、狮子滚绣球以及蝴蝶、花鸟、万字、人物、吉祥如意等。构思巧妙，造型简练，生动活泼；色彩丰富，对比强烈，艳丽夺目。通常用于装饰花鞋、花帽、胸兜、坐垫、荷包等服饰。

花腰傣妇女的上衣袖子、筒裙的裙边、包头等处都用红、黄、绿、蓝、白各色丝线精心刺绣，色彩斑斓，鲜艳亮丽。据傣家妇女说，一条筒裙裙边的刺绣，要历时半年才能完成。由于筒裙刺绣困难，耗时费工，傣家妇女视之为珍品，倍加爱惜。

中国各个少数民族的刺绣艺术，是永远不会凋谢的绚丽之花。它风姿秀美，色彩斑斓，给人们的生活增添了美的气息。

夜与昼的传说

　　我至今还记得，20世纪80年代的一天，我的贵州老乡、蜡染能手王阿勇娘娘来到我家。她刚从美国表演蜡染技术回京，兴高采烈地对我说："韦妹，你知道那些高鼻子的美国人用多少钱买一张蜡染小手巾？5美元呀，还抢着买！"

　　王阿勇是排倒莫人。排倒莫其实是丹寨县的两个苗族聚居的村寨，一个叫排倒村，一个叫排莫村。两村地面相连，民俗相似。特别是由于两个村寨都以蜡染而闻名于世，于是，人们将两个村寨统称为排倒莫。

　　排倒莫，是中国古代蜡染艺术保存得最为完整的地方之一，

夜与昼的传说

素有蜡染艺术之乡的美称。在排倒莫一带，方圆几十里，女人们个个都会蜡染，寨寨都有蜡染能手，家家都藏有蜡染精品。

岂止是排倒莫的女人？

有多少少数民族的女人们，用她们灵巧的手，染出了美丽的图案，也染出了美丽的生活。

蜡染，是一种传统民间印染工艺，古称"蜡缬""点蜡幔""阑干斑布"或"阑干细布"。因这种染布技艺在染色过程中以蜂蜡等作防染剂，故而称为蜡染。

蜡染，对工具、技艺的要求都非常高，程序也比较复杂。首先，要将蜂液熔化。蜡，具有受热熔化、受冷凝结的特性，蜡太热则线条化开，花纹难以成形，蜡太冷则不易流动，花纹参差不齐。因此，熬蜡时温度必须适当，技术必须过硬。

第二步，是用蘸蜡液的铜质蜡刀在白布或绢上描绘出构思好的花纹图案。描绘花纹时也要具备熟练的技能，落刀轻重、行刀快慢，都有一定的讲究。只有处理得当，才能获得满意的效果。

待蜂蜡凝固之后，蜂蜡纹样将产生出奇妙的裂纹，还可以根据需要人工捏折、揉搓出更多的裂纹，然后浸入靛蓝缸内染色。蜡染的主要颜色是蓝色，也有染成紫、红等色的。

由于蜂蜡和虫白蜡具有防染的作用，所以，染液只能顺着裂纹往下渗透，于是布面上形成了与裂纹一致的纹样。纹样的形状不规则，颜色的深浅也不同，人们称其为"冰纹"。

待浸染的颜色达到饱和程度后，将布取出，用沸水煮去蜡质，用净水冲洗。这时。蓝底布上便呈现出白色花纹，这种蜡染叫做素染。

在蜡染布中被称为"冰纹"的纹样，具有极强的装饰效果，韵味非凡，被视为蜡染艺术的灵魂。

蜡染还有一类叫彩色蜡染。彩色蜡染是先将底布染成所需要的多种色彩，然后在染好的色块上用蜂蜡描绘花纹图案，最后将彩色布放入到靛蓝液中浸泡染色。

在浸泡染色的过程中，不同的颜色互相浸润，即形成彩色蜡染。

彩色蜡染产生的奇妙效果，把蜡染技艺推向新的高峰，为服饰世界打开了一扇艺术之门。

蜡染布用途十分广泛，特别是西北和西南少数民族地区，习惯于用蜡染布制作生活用品，如室内装饰的床单、被面、幔帐、门帘和人们的裙、裤、头巾、围裙、鞋帽等。

蜡染布以它那朴实无华的乡土气息、独特的艺术韵味、浓郁的民族风情，引起世人的青睐，受到人们的广泛关注。

史料记载，蜡染工艺的发源地是我国西北和西南少数民族地区。汉代时蜡染工艺已经相当成熟，到唐朝达到极盛时期。

我国现存最早的蜡染制品是在新疆民丰北大沙漠东汉合葬墓中出土的两块蜡染白花棉布。一块布上有圈点、锯齿纹与米字网格纹；另一块布上分为几个矩形，大矩形好像是佛像，四周是装饰边，再外边有一个装饰人物的方形画面。

唐宋以后，外来文化对西北、中原文化产生了极大的影响。由于刺绣、织锦、缂丝等技艺在中原得到革新和发展，无形中使蜡染艺术受到一定冲击，相对逊色而逐渐失传于西北、中原。

苗族迁徙到贵州等地以后，使蜡染艺术在以贵州为轴心的大西南东山再起。其实，5 000 多年前，栖息在中原之黄河、长江中下游一带的苗族的先祖，就曾掌握了用树脂作画的印染工艺。后来，由于历史的原因，这一部落联盟向南、向西迁徙。到西南后，发现那里盛产蜂蜡，因此用蜂蜡代替了树脂。

苗族古歌中有《蜡染歌》。苗族民间也流传着许多关于蜡染的古老传说。苗族以蚩尤为祖先，神话中说蚩尤战败后所戴木枷抛弃荒野后，化为枫树，枫树红色的汁液，被认为是祖先的鲜血，用来描绘祭祀用品的图案。枫液中含有胶质和糖分而具有防染作用，于是产生了蜡染的前身"枫叶染"。

由于蜡染所用的材料和工具，都能就地取材，并且蜡染具有朴实无华、经久耐用等特性，所以在闭塞的少数民族山区尤其受到喜爱。加之蜡染透出古朴、素雅、清淡之美，得以广泛流传也就是很自然的事了。

蜡染图案绚丽多彩。铜鼓是贵州各少数民族的崇尚物，早期蜡染"模鼓取文"，将布覆盖在鼓面上用蜡摩擦就能把纹样逼真地拓下来。蜡染纹样除有螺旋涡纹、锯齿纹、卷草纹、几何纹外，还大量援引自然界中的物象，经过夸张、提炼、艺术加工，加入蜡染图案的行列，如雀、禽、花果等，还包括龙、凤、孔雀等寓意吉祥的图案。

这些丰富多彩的蜡染图案，生动地反映了这一历史时期劳动人民的生产、生活，寄托了他们的审美情操和理想、愿望。蜡染工艺进入贵州少数民族居住的山区以后，自成体系，根深蒂固，蓬勃发展，成为当地各少数民族日常生活用品及服饰的主流，也成为苗、布依、侗、瑶、仡佬等少数民族之间社交的无声语言。同时，蜡染还成为向朝廷进奉的供品。今天的北京故宫博物院仍然收藏着11—17世纪的贵州蜡染文物。

苗族蜡染工艺独特，使用范围广泛，凡衣、裙、围腰及其他棉织生活用品，几乎都用蜡染装饰。苗族的蜡染制作技术，已达到炉火纯青的地步，其制作过程本身就是一门艺术。苗家人以蜡刀蘸取蜡液，信手在布上画成各种图案，不需底样，不用圆

　　规、直尺，没有固定的模式，充分发挥了人的创造力和想象力，其构图的完整与纹样的精美，非亲眼看见难以置信。

　　苗族蜡染在贵州大致可分为两大支系——黔东南支系和黔西南支系。黔东南支系，包括黄平、施秉、丹寨、三都、榕江和从江等县，其中尤以丹寨、黄平最为典型。这一苗族支系的蜡染工艺，比较完整地继承了古老的传统工艺。其特点是：古老、浪漫、不受格局的限制。在这一前提下，苗民们接受大自然的熏陶，大胆地发挥创造力和想象力，努力去探索。如游鱼的鳍尾上，可以绽放美丽的鲜花，鲜花上蜂蝶戏耍；飞鸟的羽翼上挂着硕大的果实。鱼是繁衍子孙的象征，新娘的蜡染嫁衣除其他纹样外，必须描绘出鱼的各种变异。除此之外，还描绘出铜鼓纹、锯齿纹、云纹、花纹、鸟纹、蝴蝶纹、水旋纹、牛旋纹、铁三角架纹等纹样。这些花纹图案都是蜡染手们继承老辈经验，取材于民间的传说、风情习俗、自然环境的花草树木、鸟兽鱼虫等的作品，使画面生动活泼、耐人寻味。

黔西南支系包括平坝、安顺、镇宁、普安、纳雍、威宁和赫章等县。这一支系大概以安顺为轴心，其特点是以几何图案为基础，大胆构思，变幻莫测。如设在贵阳市郊的杨金秀蜡染公司就继承了这一工艺流程，再现了敦煌壁画的"天女散花""神女吹笙""蛇龙图腾""双狮滚球"的风采。安顺蜡染厂更是勇于将我国古代的风情、典故跃然于画面上，如"远古精灵""丝路花雨""万里长城"等。并通过技术处理将单色变成冰花纹样的多色，古朴凝重，浪漫粗犷，增强了艺术装饰的效果。

布依族历史上就经营蜡染小手工业，妇女的衣裙多以蜡染为料。在布依族地区流传着一首《刺绣蜡染歌》：

什么花最美丽，什么花最芳香，

不说人人也知道，

就是世界上的两种花。

一种花会开会落，

长在高高的草坪上；

一种花会开不会落，

绣在姑娘的衣裙上，

染在妈妈的被面上……

　　布依族蜡染手工艺品技艺精湛、图案新颖、色调素雅、古朴大方，如安顺地区的布依蜡染和荔波布依花布都极负盛名。西部镇宁、关岭、六枝一带，妇女的下装以蜡染图案百褶长裙为主，呈现出代替长裤的趋势。布依族的女上装，襟边、环肩、衣袖等处都镶有蜡染花饰段。由三节花布组成的袖子，两端都采用蜡染印花布。裙料也多用白底菱形散点蜡染布，也有用蜡染布做裙头的，而裙子的其他部位均为蜡染太阳花，即整个裙子都与蜡染有密切的关系。

　　贵州黄果树瀑布附近的石头寨，是有名的布依族蜡染之乡。全寨 300 多户 1 300 多人，近一半的人会做蜡染。女孩一般从 4 岁起，就开始跟随父母学习这门手艺了。在石头寨，至今

云想衣裳

夜与昼的传说

流传着一个古老的故事，说寨里的一位布依族姑娘，正准备为自己织的布染色，忽然一只蜜蜂飞到布上。她将蜜蜂赶走后，继续染布，这时，奇迹出现了：染出的布留下了白点。聪明的姑娘领悟到，这是蜜蜂留下的痕迹。她灵机一动，利用蜂蜡染出了美丽的花布。虽然，布依族从来没有说过蜡染是他们的独家发明，但是，对于蜡染的创造和发展，布依族无疑是主要的参与者。

侗族的衣料也以蜡染为主，染技独特，成为很有民族特色的侗布。侗布的洗染工序十分复杂，先是制染靛，将蓝靛叶放入大靛桶里泡烂，捞净其渣。然后用石灰冲拌，以瓢将靛桶中的水舀起倒入，再舀起再倒入，如此循环数次，称为"打靛"。待其沉淀后，倒去上面的清水，沉于桶底的物质即是蓝靛成品。染靛制成后倒入装满清水的染桶中，再加入酒拌匀，然后将洗净的白布放入桶内浸泡，按照规定的时间准时取出，放入清水中洗净，再置入染桶浸泡，再取出洗净，又入桶浸泡，并随时添加酒和染靛。此工序重复多次，等布料染到一定程度后取出洗净晒干。然后用牛皮汁浸泡，并放在阳光下晒干。干了又泡，泡后再晒，这道工序也要重复多次。晒到一定程度，放入甑子中蒸，蒸后放到青石板上用木槌槌平，并在正面涂上生蛋清。晒干后取山中含胶汁的草木煮水浸泡后晒干，干了又泡，泡过再晒，晒后又蒸，蒸后晒干再入靛桶中染。重复前面的程序多次，即成闪闪发亮的紫青色侗布。这种布俗称"亮布"，不加蛋清的，呈黑色的称为"青布"。由于工序十分繁杂，所得侗布就特别珍贵，是侗族人民十分珍爱的服饰面料。

瑶族蜡染也特别引人注目。周去非在《岭外代答》卷六中对久负盛名的瑶族蜡染作了这样的描述：

> 瑶人以蓝染布为斑，其纹极细。其法以木板二片，镂成细花，用以夹布，而溶蜡灌入镂中，而后乃释取布，投诸蓝中；布既受蓝，则煮布以去蜡。故能变成极细斑花，炳然可观。故夫染斑之法，莫瑶人若也。

这种极其精巧的蜡染，被称之为"瑶斑布"。随着时代的发展，防染技术不断进步，宋代时，民间已可以用石灰和豆粉调成浆，作为防染剂代替蜡，产生"青白相间，有人物、花鸟、诗词各色"的染布，时称"药斑布"。同时，开始用桐油竹纸代替以前的镂空花木板，使花纹更加精细。这便是后来民间广泛流行的蓝印花布。由于瑶族染业发达，所以，服装均用自染的土布制作，每种服饰的制作都离不开蜡染等工艺，妇女酷爱蜡染裙装。

除了贵州以外，蜡染在其他少数民族地区也得到了不同程度的发展。

　　在壮族地区，随着纺织工艺水平的提高和审美意识的增强，蜡染工艺也逐步发展起来。宋人周去非曾对壮族的蜡染做过长时期的观察，在他所著的《岭外代答》中有详细记述。他认为，壮族的蜡染工艺并不亚于瑶族的蜡染工艺。

　　仫佬族在蜡染领域也占有一席之地。他们祖祖辈辈穿衣用布，都是用蓝靛染成的土布。其染制方法与众不同，把长约两丈的土布放入蓝靛染缸，浸染一定的时间后，捞出晒干，再浸染再晒干，如此反复多次，使青蓝色泽均匀。然后涂上米汤、薯莨、牛皮胶糊面等，待晾干后，用石碾碾压或棒槌敲打。用这种方法制成的布闪光发亮，美观耐用，被仫佬人视为珍贵的布料。

　　布朗族先民在很早的时代就学会用蓝靛染布了，他们用"梅树"皮、"黄花"根做原料，经过浸泡、晒干等多次反复的加工程序，将布分别染成红色、黄色。所染之色艳丽润泽，经久不褪，极具大自然的风韵。

　　黎族先民也在很早以前就掌握了蜡染技艺，服装一般都用自染的土布制作。

　　1959年，在新疆民丰东汉墓发现汉代"蓝白印花布"两片。其中一片的花边由圆圈、圆点等几何纹样组成，主体由平行交叉线构成的三角格子纹组成；一片系小方块纹，下端还有一半体像。这是一份十分珍贵的蜡染实物史料。通过这一实例，可以判断新疆当地居民在汉代时已学会了蜡染技艺，并运用到服饰上，这是蜡染工艺在新疆的发展线索。

经过几千年的发展，蜡染工艺作为一门技艺，和其他民族艺术一样长期保留下来，并始终保持着自己浓厚的民族艺术传统和风格。

"大理三月好风光，蝴蝶泉边好梳妆"，是我少年时期喜欢的电影插曲。那年，我去云南调研，来到仰慕已久的大理的蝴蝶泉边。大理作为白族之乡，不仅以苍山洱海的秀丽风光以及神圣的蝴蝶文化而著称，还以明朗清新的扎染工艺而闻名于世。白族的服饰之美，离不开扎染的装饰特点。

扎染，古代称为"纹缬"。从扎的方法上来说一般可分为两大类。一类是针扎，一类是捆扎。

针扎是以针和线为工具，在白布上扎成花纹，或在布帛中间做出旋涡形，然后把线拉紧，用线绑紧布帛结上。做好这些准备工作后，将布帛放入染缸浸染。浸染到一定程度后，把布捞出晾干，然后将线拆去。紧扎的地方不上色，呈现出白色花纹，达到了扎染的目的，装饰效果良好。这种针扎法能够产生比较细腻的图案。

针扎主要包括扎花和扎线两项工艺。其中扎花最常见的图案俗称"狗脚花"（六瓣，呈尖形），还有菊花（圆八瓣，呈尖形）、蝴蝶花（六瓣，呈圆形）、双蝴蝶花（圆八瓣，呈双花蕊形）、海棠花（十瓣，呈尖形）等十余种。其扎法各有讲究。

扎线包括绞扎和包扎等不同方法，绞扎因布的折法和针的绞法不同，能产生粗、细、强、弱等不同的效果，包括粗蜈蚣线和单蜈蚣线等；包扎则在布中夹一根稻草或包一颗稻谷粒，入染后能产生灰线条，具有晕染效果，或产生多种多样的图案花纹。

捆扎是将白布有规则地叠折成长形、方形，或任意折叠，用木条或金属条覆压在上面，用夹子固定，然后用麻线捆扎，放入清水中浸透，以便扎结时产生排染作用，最后放入染液中染色，入染后晾干、固色再拆去缝扎的线结。由于扎时有松紧，上色便有深浅，这样也就出现了深浅不同的黑、白、灰多种层次晕染效果的花纹，或变幻莫测的冰纹。

扎染可进行多种色彩的染制，成为彩色扎染。这种方法适合扎成段的布料。

关于扎染起源于何时，史料上没有明确的记载。根据新疆吐鲁番阿斯塔那地区 117 号出土的唐永淳二年（公元 683 年）的棕色绞缬绢，可以推测，至迟在唐朝时期，民间已有了扎染工艺。

出土的棕色绞缬绢上呈现出菱形网格图案，网格中形成自然纹理，具有特殊的效果。

维吾尔族独创的爱得来斯绸，即"扎染绸"，应该与古代的扎染有渊源关系。这种丝绸采用了我国古代的扎经染色法工艺，按图案的要求，在经纱上扎结染色。扎经是十分细致而烦琐的工序，图案、布局、配色都要在扎经人的妙手下体现出来。扎经完成后再分层染色、整经、织绸，所有的工序都完成后，色泽鲜艳、手感细腻的爱得来斯绸就产生了。

扎染具有千变万化的特性，不同的方法能产生不同的效果。

扎花染是白族扎染中要求最高、技术难度最大的染制方法，人们称之为"水中捞宝"。第一道工序是扎花，先将自己的构思图案在布料上叠好，然后用线扎紧。第二道工序是染制，要求染液配制精细，必须是表面青蓝、内部呈粉黄色的染液。染后再将扎线一一解开，放入清水中泡洗、晾干。有关史料上早就记载着扎染在白族人的服饰上使用的情况，说明白族人民很早已经掌握和运用扎染工艺为自己服务了。

随着社会的进步，人们的审美情趣不断提高，民间不断地创造出一些新的扎法，如凤凰县深化江镇刘大炮在捆扎方面摸索出一套新的方法，其中有一种称作抓扎，即用双手抓着白布入染。利用抓扎法染出的布帛，其花纹不拘一格，不受固定格式的限制，即兴发挥，操作自如，有时能达到意想不到的特殊效果。

在针扎方面，凤凰县的刘桂梅和向云芳两名艺人，均有一些独到之处，仅狗脚花一类，她们就能扎出五六种以上图形，丰富了扎染的技艺，渲染了扎染的艺术效果。

正是在这些民间艺人的不断探索和努力下，扎染艺术至今还在社会上占有一席之地，影响着人们服饰的发展变化。

在大理购买的扎染艺术品包括台布、窗单等，我至今保存着。还有，我在大理买的那双绣花鞋，后来一直伴着我走出国门，走上一块又一块异国的土地。

永不脱下的内衣

　　1996 年，我曾经创作了一组灵感来自于文身的服装，把带有原始气息和狂野个性的美丽的文身图案"铭刻"在十分前卫又十分现代甚至有些科幻色彩的服装上，用服装去昭示文身文化的魅力，使生命感和青春美得到充分展现，使人体的美丽、服装的美丽、文身图案的美丽，实现了和谐的统一。

　　我给它们取名为"永不脱下的内衣"。

　　在我的幻觉中，这一件件"永不脱下的内衣"已经与身体融为一体，不可分离——即使在生命消失后，它也将随着灵魂一起去探访那些赋予文身艺术以生命力和活力的神灵世界、自然世界。

当这一系列作品出现时，周围的人们表现出的是惊讶和惊叹！

他们或许被深深地感动了。

我自己也在惊叹！

——不是为自己的作品而自得，而是为人类祖先留下的文身文化又一次感动！

有人说，中华民族的文身现象堪称"人类学研究的活化石"。

我以为，这不是夸张之词。

这种原始而神圣的艺术，起源于古老的原始文化，而后演变为人类图腾的抽象表现，继而又演变为复杂的等级分界标志。

文身不仅具有与社会形态相适应的种种内涵和功能，更表现了人类原始时期对美的一种强烈的追求。

把美铭刻于肌肤之上，那真的是我们的祖先在追溯自己源头并作最原始的哲学思考时所能做出的最伟大、最壮烈的行为。

说它伟大，是因为这种行为沟通了人的灵与肉；说它壮烈，是因为这种行为给人带来的是"切肤"之痛——这也正是文身艺术与任何其他艺术的不同之处。

的确，文身行为，是一种内涵极为丰富奇特的人类文化现象，展现了人类精神现象学和人类精神史最复杂的一页。

　　有关专家经研究认为，原始人最初用动物油脂、植物汁液、泥土等天然涂料涂抹全身，以护身防体。伴随着人类巫鬼意识的出现，人们又用动物血、有色土、白灰、黑灰等做颜料涂面绘体，施巫踏神。后来，人类产生了审美意识，人们便在喜庆时的狂欢活动中美化自己的身体。涂面绘体发展成为美饰性和标志性的装饰之后，人们很希望能长远地把美丽的图案保留在身体上，于是，文身便产生了。

　　中国古代民族的文身行为，根据考古研究提供的证据，最早出现于新石器时代。

《礼记·王制》，曾以中原人的口气记述了中国古代边远地区少数民族的服饰特点：

东方曰"夷"，被发文身；南方曰"蛮"，雕题交趾；西方曰"戎"，被发衣皮；北方曰"狄"，衣羽毛穴居。

文身是一种世界性的肌肤装饰。文身的方法在国外有很多。我国的文身普遍使用的是打刺法。打刺法一般是用针或植物刺及拍针棒作工具，在人体肌肤上沿事先绘制好的图案线顺序打刺，再用黑色颜料敷于图案之上，使颜料水注入针孔，待所有的针孔愈合、结痂脱落后，文身便得以完成。

世界著名旅行家马可·波罗在他的中国游记中，对我国元代南方民族的文身方法作了详细的记述：

……将五根针并拢，扎入肉中，以见血为止。然后用一种黑色涂料，拭擦针孔，便留下了不可磨灭的痕迹。

文身又称"雕题""镂身"，绘于面部的称"绣面"，绘于腿脚部位的称"绣腿"。唐宋时期将文身称为"点青""扎青"等。

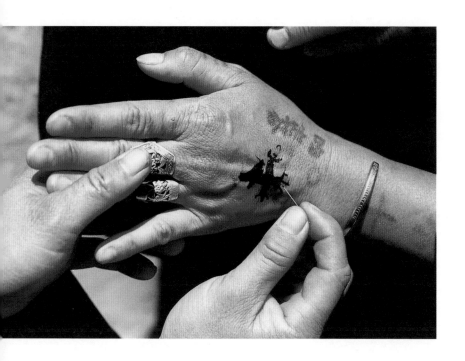

　　我国各古代少数民族都曾有过文身习俗。而且，这种习俗至今仍然没有消失。

　　当然，今日的文身已具有现代文身的意义，以审美为主要目的。

　　在我国保持文身习俗的民族中，高山族、黎族文身习俗是最原始也是持续时间最长、其原始形态和内涵保持得最完整的。

　　居住于台湾岛的高山族最早的文身记载可以追溯到公元 7 世纪。

有一首专门描述高山族文身的诗：

胸背斓斑直到腰，争夸错锦胜鲛绡。

冰肌玉腕都纹遍，只有双蛾不解描。

据说，在 20 世纪之初，台湾曾强令废除文身习俗。但是时隔仅仅 5 年，由于发生严重旱灾和流行性疾病，许多人死亡，这又动摇了人们的心理，以为是废止文身而受到神灵的责罚，于是，人们又纷纷恢复了文身。

在高山族刺面起源的神话传说中，有这样两个故事。一个故事讲，很早以前，有个男子对一女子说，你的面貌有些丑陋，在脸上画上花纹就漂亮了。征得女子同意后，男子便取黑烟在其面画上花纹。从此，便产生了以刺面为美的观念。另一个故事讲，在一场战争后，两个男子在抓获的俘虏脸上刺纹取乐，发现所刺花纹不褪颜色，而且看起来非常美观，于是，就有了男子刺面的习俗。

高山族认为，刺面是一种最讲究的装饰，其美观远胜于自然美。在他们看来，身体刺纹的部位不长毛，不生皱纹，能保持青春的美。

然而，随着社会的进化，文身原有的对美的追求的本意也

云想衣裳

加入了其他因素，等级、功利、权位等观念逐渐渗入到文身之中，使文身的深层内涵变得扑朔迷离。比如，文身的图案，已成为社会地位和权势的符号，甚至文身权还可以购买，一旦购得，社会地位马上改变；此外，还可以在女儿成年时，购买文身权作为给女儿的嫁妆。

高山族文身的纹样有四类：

一是蛇纹。这是高山族文身纹样中最原始的主题纹样，与高山族所信仰的蛇图腾有关。一些学者将高山族文身纹样中那些象征性的蛇纹称为曲折纹、锯齿纹、网纹等等。

二是太阳纹。太阳纹在高山族的文身纹样中占有比较重要的地位，其纹样是由一个圆球加上十字符号组成的，圆球代表太阳，十字符号代表向外放射的光芒。由此简化而来的太阳纹便是一个十字符号，它既代表太阳又代表太阳照射的四个方位，可见，太阳在他们心目中神圣、重要的位置。

三是人纹。人纹分为人首纹和人形纹两种。人首纹是男子功绩和荣誉的显示，身体上人首纹的多少与战功的大小有直接的关系。人形纹与高山族信奉的祖先崇拜有关。刺人形纹是贵族的特权，等级越高，纹样就越复杂，而平民则无权刺人形纹。

四是古琉璃珠纹。这是极具神秘意味的文身纹样，是一种具有古老观念的巫术行为。

黎族自古就繁衍生息在海南岛上。在《山海经·海内南经》中，就有着黎族先民文身的记载。根据黎族风俗，黎族男女从小就要文身，否则，上世祖宗是不认其为子孙的。新中国成立后，文身习俗已逐渐革除，但在人死后，家人一定要在未文身的死者脸上用墨画几条线后才能入殓。

　　宋代文人周去非在《岭外代答》一书中记述了黎族妇女绣面时的情景：

　　　　海南黎女，以绣面为饰。盖黎女多美，昔尝为外人所窃。黎女有节者，涅面以砺俗，至今慕而效之。其绣面也，犹中州之笄也。女年至及笄，置酒会亲旧，女伴自施针笔，为极细花卉飞蛾之形，绚之以遍地淡粟纹，有晰白而绣文翠青，花纹晓了，工致极佳者。惟其婢不绣。

　　明代著名文学家汤显祖亦有记载黎族妇女文身情况的诗句：

　　　　黎女豪家笄有岁，
　　　　如期置酒属亲至。
　　　　自持针笔向肌理，
　　　　刺涅分明极微细。

点侧虫蛾折花卉，

淡粟青纹绕余地。

　　黎族文身的部位包括面、颈、胸、腹、背、臂、手、腿、脚等多个部位，以面、胸、手、腿为主，其中又以面为多。

　　面纹的部位一般以口为中心，两眼作准点，颌为基部。两颧纹以对称的平等双线纹为主，以眼尾至口唇上部成斜线，以口唇上方至耳根画两条平等横线，形成锐角形图案，像鸟喙一样，还在斜线纹中间缀以圆点，下颌纹比两颧纹复杂和细致，通常是半圆形、椭圆形或圆形图案。

　　进行全身型文身的，不可能一次完成，而必须在不同的年龄段中陆续进行，所以，一般来说，愈是年龄大的，其文身愈丰富复杂。

　　黎族女子初次文身的年龄，一般在十二三岁，或在出嫁之前择一吉日。通常是请有经验的老年妇女来主持。现场除了受刺者的母亲外，还要邀请一两个中年妇女来协助。若遇受刺者因忍不住疼痛而进行挣扎，协助者就要将受刺者按住或用绳子捆绑起来。完成后，受刺者的父母要付给刺纹者一定的报酬。

　　黎族文身，都要遵守祖先沿袭下来的成规来刺纹自己氏族特有的纹样。黎族有诸多支系。不同支系或同一支系而不同血缘集团的，有不同的文身图样，这些纹样已成为血缘的标志，世代相传，不能搞错。虽然每个支系的纹样各不相同，但其纹样一般都是几何形，且都有具体的意象——蛙。此外，纹样中还有大量的点纹，被称作"蛙卵"，是生殖繁衍能力旺盛的象征。

从黎族以蛙为文身图案的主题中，不难看出蛙是黎族远古的图腾。

在黎族中还有个传说，说有个女孩出生不久母亲就去世了，是"约加西拉"鸟用嘴含着谷子将这个女孩喂养大。为了永远纪念"约加西拉"鸟的功德，黎族妇女就在身上刺上各种仿效"约加西拉"鸟翅膀的花纹。

傣族，生活在我国的西南地区。传说，在远古的时候，傣族还没有定居，人跟着江河走，靠捞鱼摸虾度日。当时，江河里有一条蛟龙，异常凶恶，只要看到水里有白色和棕黄色的东西就咬，给人们造成很大的威胁。傣族的先人出于自卫，想了个办法，下江河时用染料把全身涂黑，这样，蛟龙也就不敢靠近了。但是，这样做也不长久，因为人在水里时间过长，身上的染料就会被水冲掉，免不了继续遭到蛟龙的伤害。后来，人们终于想出用针在身上刺出花纹再涂上黑颜色——也就是文身的方法，才算彻底解决了问题。

在傣族地区，文身以男子为主。如果没有文身的男人向姑娘求婚，姑娘就会唱起这样的民歌：

没有花纹算什么男人？

不刺花纹谈得上什么真心？

你怕痛，就同田鸡住下去吧！

你不刺，就去戴女人的黄藤圈吧！

哪个还想与你说话呀？！

傣族男子文身部位越多，纹样越复杂，才越能显示出男子汉的阳刚之美。文身已成为女子对男子的审美标准和择偶条件。在这样的环境中，谁能不愿文身呢？

壮族，是中国少数民族中人口最多的民族。壮族的文身，自古以来就非常盛行。唐代著名文学家柳宗元被贬至广西柳州后，专门写有描写壮族文身的诗。《登柳州城楼寄漳汀封连四州刺史》就是其中的一首：

城上高楼接大荒，

海天愁思正茫茫。

惊风乱飐芙蓉水，

密雨斜侵薜荔墙。

岭树重遮千里目，

江流曲似九回肠。

共来百越文身地，

犹自音书滞一乡。

在柳宗元的其他诗作中，也多次提到当地的文身现象，比如：

愁向公庭问重译，

欲投章甫作文身。

——《柳州峒氓》

饮食行藏总异人，

衣襟刺身作文身。

——《憧俗诗》

独龙族，是我国民族大家庭中人口较少的民族之一，只有数千人。直到新中国成立前夕，这个生息在高山峡谷和独龙江畔、被史书称为"太古之民"的民族，还保留着浓厚的原始习俗。文身就是原始习俗中重要的一种。

独龙族歌谣这样唱道：

茶花鸡的脸红了，
要唱找窝的歌了。
你家姑娘长大了，
该给她文面了。
一条路踩出来了，
众人就要跟着走。
祖先定下了规矩，
后人就要照着做。

十几年前，我曾亲眼看到过，独龙族女性还在用针一点点地刺出她们梦想的花纹。

对她们而言，这是一种憧憬实现的过程——为美而痛。

因为，这美给她们增添的魅力和信心，远远超过了一切先天的条件。

她们为美而付出的代价，让人感动，更让人钦佩。

此外，布依族、彝族、怒族、基诺族、景颇族、佤族、德昂族、布朗族、珞巴族、撒拉族、土族等民族也都保留有文身习俗。

作为视觉的语言，文身和服饰同样表达了多重的文化精神。

其区别在于，服饰是一种可以脱下来的文化形式，而文身作为一种身体装饰，不仅早于服饰，而且更偏重于观念上的精神表述。

它随人的生命的生长而生长，也随人的生命的消逝而消逝。

只要人的生命尚存，文身艺术就永远是鲜活的、流动的，从这一点看，它远远优越于那些刻画于纸张或墙壁或其他载体上的静止不动的艺术作品。

它是一个艺术的精灵。

在人的灵魂里，它获得了永恒。

你的背影如此迷人

居住在广西南丹、河池以及贵州荔波的白裤瑶妇女，夏装的背后有一大块方形的图案，俗称"瑶王印"。为了考察这种精致美观的服装以及瑶族服饰文化，我曾经几次去南丹，与瑶族同胞席地而坐，一边喝着瑶家的美酒，一边听他们讲述那个动人的传说故事：

很久以前，有位年长的瑶王，膝下有一个长得很漂亮的公主，许配给了当地土司的儿子。谁知，婚后，土司利用其子的关系，盗取了瑶王的大印，并派兵包围了瑶寨。

你的背影如此迷人

面对土司的威胁，瑶王毫不畏惧，亲自率兵指挥作战。

然而，经过几天几夜的激烈战斗，瑶王不幸身负重伤，被围困在一个小山头上。

就在这民族生死存亡之际，瑶王将各寨寨主召集起来，共同研讨对策。

一位采药的老人献计道："我以前采药时，发现后山悬崖处有条小路，可以从那里突围。"瑶王听后，立即应允。

在老人的指引下，瑶王终率众冲出包围圈，保护了人民的生命安全。

而瑶王却因伤势过重，永远离开了他的土地和人民。

瑶族人民为纪念这位民族英雄，按照瑶王逝世时的装束，制作成了本民族特有的服饰——

男子裤装膝盖位置的五根红线条，象征着瑶王的血手印；裤长及膝，意味当时战斗的残酷；女子夏装上衣没有袖子，衣底为青色或黑色，背面则是用丝线绣制成的一块方印图案，意为瑶王的大印永远印在瑶族人的心中。

我想，如果九泉之下的瑶王有知，他应该感到欣慰。

瑶族，是一个人口超过两百万的民族，又是一个具有悠久

历史和灿烂文化的民族。很早以前，汉文献如汉代的《风俗通义》、晋代的《搜神记》、宋代的《后汉书》等就有关于瑶族服饰的记载。唐代大诗人杜甫也曾有描述当时瑶族生活的诗句：

渔父天寒网罟冻，

莫瑶射雁鸣桑弓。

俗话说，"岭南无山不有瑶"。如果从广西东南与湘粤交界的五岭山脉起，以北到黔桂交界处，沿苗岭余脉往西，顺云桂边界六韶山脉南下到哀牢山一带，再往东折入桂南至勾漏山支脉的十万大山，这个略呈弧形的广大山区，就是我国瑶族居住的地方。

瑶族支系多、分布广，各支系的服饰存在着差异，同一支系的瑶族，因居住地区不同，加上年龄、性别、婚否之分，使得瑶族服饰风格独特，异彩纷呈。据有关资料统计，瑶族服饰约有70多种。而且，因服饰的不同而有不同的族称。如广西南丹瑶族男子皆穿白色裤子而得名"白裤瑶"，龙胜的瑶族喜欢穿红色绣花衣而被称之为"红瑶"，还有根据其服饰特点称之为"青裤瑶""长袍瑶"，等等。

纳西族服装的背饰，也有着自己鲜明的特色。

著名人类学家费孝通先生曾把北起甘南、中经川西、南至滇西北藏东南的区域称作"藏彝走廊"。纳西族的地域就处于"藏彝走廊"的南端。在这条走廊上，诸多民族分分合合，迁徙、融合的激流流淌了上千年。当地土著民族在与南迁而来的民族不断碰撞、交流、渗透、融合之中，终于形成了今天的纳西族。

你的背影如此迷人

男子头绾二髻，傍剃其发，名为三塔头。耳坠绿珠，腰挟短刀，膝下缠以毡片，四时着羊裘；妇女结高髻于顶前，戴尖帽，耳坠大环。服短衣，拖长裙，覆羊皮，缀饰锦绣金珠相夸耀。今则渐染华风，服饰渐同汉制。

这是纳西族服饰在清朝乾隆年间的写照。

今天，纳西族男子的服饰与汉族的服饰已无大异，但纳西族女子背上的羊皮披肩，仍旧是一个经典。

羊皮披肩，系用整张羊皮经过反复鞣制，上面横镶一道黑氆氇或毛呢，再钉上一字横排的七个五彩圆形图案，象征七颗星辰。每个圆形图案又分别引出两条柔韧的麂皮细绳，总计14根，称为羊皮飘带。羊皮上端缝有两根白色长带，披时从肩上搭过，在胸前交错后系在后腰部。有的羊皮披肩在七个五彩圆形图案之上，还有左右两个更大的五彩圆盘，分别象征太阳和月亮。

所以，羊皮披肩也被誉为"披星戴月"。

"肩担日月，被负七星"，使纳西族女子变得更加热情、纯洁和美丽；它也代表着纳西族女子的勇敢、智慧和勤劳。

关于羊皮披肩的来历，还有其他两种说法。

其一，传说天帝的女儿不愿嫁给天神，要嫁给人间的英雄。她知道天神肯定会阻拦，便把日、月和七颗星星绣在羊皮上，

你的背影如此迷人

随身携带。当她与自己的心上人带着百样谷种、九种牲畜来到半路上，天神追来，吐出乌云黑雾，欲劫走天女。此时，天女将羊皮披上，立刻，日月七星放出耀眼的光芒，照得天神头晕目眩，不能动弹。从此，羊皮披肩便成为纳西族女子的必备之物，也成为她们"心灵的衣裳"。

其二，认为羊皮披肩与纳西族图腾有关。纳西族古代崇拜青蛙，将其作为财富和智慧的象征。木丽春在《纳西族的图腾服饰——羊皮》一文中说，纳西族的羊皮披肩，系"把羊皮形象地剪裁成蛙体形状，而缀在羊皮光面上的大小圆盘是示意青蛙的眼睛"，所以，它是"寓着青蛙图腾的服饰"。

纳西族《图腾服饰羊皮歌》中唱道：

> ……从此人们划量又划量，
>
> 村寨里的人们裁剪了羊皮，
>
> 仿着黄金大蛙生了七只小金蛙，
>
> 绣缀在纳西人的羊皮上，
>
> 两只大金蛙生了七只小金蛙，
>
> 七只小金蛙牵出了十四条金肠子，
>
> ……黄金大蛙指示着
>
> 木、金、火、水、土的五行方位……

云想衣裳

228 ｜ 229

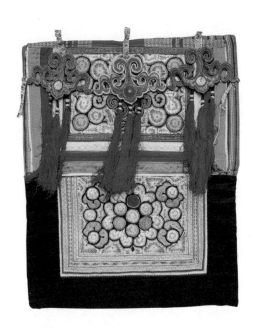

你的背影如此迷人

无独有偶。门巴族妇女背上的牛皮，与纳西族女子背上的羊皮披肩一样，也承载着神话和历史的积淀。

　　居住在喜马拉雅山脉南麓门隅地区的门巴族妇女，其服饰特色除了在袍外加系白色圆筒围裙外，无论老年、中年还是少年，背后都要再披一张完整的小牛犊皮或羊皮。披牛皮或羊皮有一定的讲究，不同年龄的妇女披的皮张不一样。少女一般披戴有羊尾和四条腿的羊皮，成年后披完整的小牛犊皮或羊皮。皮张毛向内而皮板朝外，皮张头部向上直抵穿着者的脖子，尾部朝下，四肢向两侧伸展。

　　身披牛皮或羊皮，在潮湿、寒冷的西藏地区，既可遮风避雨，又可防潮保暖，在背东西时垫在背上还可起到防护作用。

　　这种背披皮张的习俗，反映了门巴族对牛的原始崇拜，同时也表明了门巴族妇女与男人一样，也是畜牧业的主体。

　　关于门巴族妇女背披牛皮习俗的来历，也有两种说法。

　　一是传说在远古时期，藏族统治者把门巴人赶到边远地区，并惩罚门巴族妇女背一张人皮。大概就是因为这种做法太残忍了，后来，人皮才由牛皮羊皮来替代，并流传至今。

　　另一种说法是文成公主嫁到西藏后，为了避妖驱邪，经常背披一张牛皮。传说文成公主曾派人前往上门隅播扬佛法，还把自己身披的小牛皮送给当地的门巴族妇女。后来，为了纪念文成

公主，门巴族妇女就学着文成公主的样子，把牛皮披在背上。

　　背披牛皮或羊皮，是门巴族妇女的美饰。每逢节日、婚礼，或迎客、会友，门巴族妇女都要换上一张新的皮张。

　　尾饰，是诸多少数民族的习俗，同时又是少数民族服饰之背上艺术的又一枝奇葩。

　　不久前，我在云南红河元阳县调研时，看到彝族妇女背后穿着以白布为底呈菱形状的服饰，上面绣有精美的图案，一般为鲜红艳丽的花朵，精致美观，非常漂亮，对角吊在臀部。

我们追着彝族姑娘问她们后面的绣片叫什么？为什么？她们很干脆地回答我说是"尾巴"！

关于尾饰的最早的文字记载，见于《山海经》：

有人戴胜，虎齿，有豹尾，穴处，名曰西王母。

这里所说的西王母，应该是当时部落的一个女性领袖人物。她头戴羽冠，嘴上饰以虎齿，臀部系着豹尾，威风凛凛，潇潇洒洒。试想，如果没有那根豹尾，其形象或许会大打折扣。

遍布天山南北的新疆岩画，其刻成年代最早者已逾万年。岩画中的许多人物，其尾部都有一条长短不一的尾巴，可知新疆远古时代的先民即已盛行尾饰之俗。而近年来内蒙古地区发现的阴山、狼山岩画，画中人物的尾饰与新疆岩画中人物的尾饰有惊人的相似。

在经历了千万年的历史沧桑之后，今天，我们依然可以认识并亲身感受少数民族独特的尾饰艺术的魅力。

在云南德宏地区的傈僳族中，妇女都喜欢在围裙背后扎上两片布片，呈倒三角形状，部分重叠，两个下角缀有长长的穗

你的背影如此迷人

子，垂至裙下沿，像长长的尾巴。这是西南少数民族古老尾饰的典型留存。

哈尼族支系"罗美"，女孩自小腰间系着两端绣有五彩花纹的箭头形蓝布带，并将布带的箭头及图案的花纹露在外衣后摆下的臀部，表示少女天真无邪。十七八岁后，则要在布带箭头处另外再加上一条由数十股蓝色细布条特制的装饰物，长约1市尺左右。这条装饰物名叫"披甲"。姑娘们有了"披甲"这种尾饰，无论走路还是跑步或跳跃，"披甲"随身体摆动，摇曳婀娜，另有一种风姿。

青海地区藏族的"辫筒"，也是尾饰的一种演化。

东部农区的藏族妇女大都把满头乌发梳成数十条细小的辫子，装入背部精心刺绣的两条长布袋之中。这个布袋便称为辫筒。辫筒大多宽3寸，长4尺，是一条华丽的饰带，以刺绣花纹为主，并缀以珊瑚、银牌、玛瑙、银币等。辫筒上的刺绣图案主要是八宝、百结、花卉、动物、云纹、水纹、回纹、法轮等，装饰性极强，而且巧妙地组成互相纽套的谐调组合。

辫筒的风格还与年龄等因素相关。青年女性的辫筒纹样花哨，色彩艳丽；老年妇女的辫筒则色彩凝重，古朴淡雅。

居住在祁连山东端的海南藏族女子，虽然将辫筒置于胸前，却在身后背一副用皮革和布制作的三片发套，上面缀满银

你的背影如此迷人

盾、银牌、贝壳、珊瑚和珠宝，末端以红线作穗垂及足部，名曰"加龙"。

它的厚重和古朴如同铠甲，佩戴于身后更增加了美感。

在我国南方的许多少数民族地区，还有着一种特殊的背饰，这就是母亲用生命背负的"摇篮"——背儿带。

背儿带，顾名思义，就是背负婴幼儿的带子。

那可不是一般的带子。

自生下娃娃之后，妈妈便将其放进背儿带。从此，这背儿带便将妈妈与娃娃这两个迸发着生命活力的躯体紧紧地连在一起，不管是爬山还是涉水，不管是劳动还是歇息。

背儿带是妇女不可缺少的生活用品之一，为母亲赶集、串门、外出、处理家务或下田劳动提供了便利。

娃娃从婴儿到幼儿，大约要有两三年的时间是生活在妈妈的背上的。

那些用各种工艺、各种图案编织的漂亮的背儿带，不仅诠释着母亲对婴幼儿的体贴以及对美丽的理解，更展示着一个民族丰富的精神世界和特有的审美情趣。

苗族的背儿带十分有特色。背带呈长方形，由大小几十块形状不同的图案组成，上绣有花、鸟、鱼和植物图案，并在周围镶嵌许多闪闪发光的小亮片，形成了层次分明，色彩富丽典雅的刺绣艺术品。母亲还会把对孩子的美好祝福绣在背带上，如"福如东海"等。另外，也有一些政治口号会被绣在背带上，如"毛主席万岁""爱社如爱家"等。

白族妇女背婴儿的裹背是刺绣和布贴技艺的组合。

裹背多为长方形，有的上方为弧形，长约 60 厘米，宽约 50 厘米。裹背片的正面采用了刺绣手法。上部刺绣一般以牡丹花为中心，四周以各种折枝花卉密密缠绕，花丛之中绣上两三个人形。下部一般以布贴的技法，做成铜钱花纹，具有祈富寓意。此外，裹背上常见的图案还有图案化的小鱼，表明了洱海边白族人民对鱼类的感情。

流行于贵州省三都地区的水族马尾绣背儿带，最为珍贵。

马尾绣背儿带的制作方法是，首先将白色马尾裹以白丝线，然后用裹好的马尾和丝线放在青色布面上，镶配各式各样的花草、虫鸟、几何图案等，构成一幅形象生动的美丽画面。接着，同时用两根针，一针牵着丝线，一针来回挑绣而成。

马尾绣背儿带多用于节日或走亲访友时，是富贵、体面的标志。

在广西巴马县的布努瑶族地区，出嫁的女儿生下第一个孩子时，娘家人要成群结队前往贺喜，并送上精心准备的背儿带。

云想衣裳

同时，还要唱起那首已经传唱了千年的《背带歌》：

> 女家：种树盼结果
>
> 栽草盼花香
>
> 密种下的稻谷
>
> 需要雨露才成长……
>
> 男家：日夜流淌的涧溪不能忘记它的源头
>
> 我们沿着古代人常走的爱路
>
> 我们跟随人们常过的金桥
>
> 早上太阳露脸我们就起步
>
> 晚上明月撒光我们才进屋
>
> 来拜谢我们的后家……

据说，以歌颂母亲、歌颂生命为主题的《背带歌》由 12 部分组成，一般要唱上三天三夜才能唱完。

背儿带，是一种独特的文化现象。

作为民族服饰的一个特殊的组成部分，它不仅具有很高的艺术价值，也具有强烈的感情色彩。

它是妈妈用生命背负着的"摇篮"。

一个民族，就在这摇篮里长大，然后，从这里起步，走向成熟，走向未来。

总之，中国少数民族中有不少民族的背后装饰都极为可观。无论是饰物，还是图案纹样，皆不亚于服饰的正面。

服饰的正面与背面，本来就是一个有机的整体。

遗憾的是，人们往往注重其正面而忽略了背面。

而对于有些民族来说，其身后的艺术简直就是该民族服饰系统中最精彩、最富有特色的子系统。

背饰，那是一个隐藏着无数象征意义的世界，更是让我屏息凝神的灵感源泉。

云鬓花颜金步摇

我国著名文学家、诗人陆游曾云游四川，发现西南女子非常注意头饰的美丽，有的女子头上仅银钗就插了6支。

他在《入蜀记》中记录了这一情景。

往事越千年。如今，西南地区以及其他地区少数民族妇女着盛装时，仍然有簪钗满头的风习。

我曾经亲眼看到，贵州花溪苗族女子在发间插有七八根银簪，海南黎族女子的银簪达到十几根。

服饰是心灵的外现，通过其服饰，可以窥见各族人民的传统文化和审美意识之一斑。

　　头饰可以使服饰更加完美，起到"画龙点睛"的作用，引起人们视觉的兴奋，达到"锦上添花"的艺术效果。

　　我国各少数民族的头饰，用智慧延续着古老的文化，表现出了独特的艺术魅力和丰富多彩的风格。

　　少数民族在头饰上，无论是发型还是头巾、冠的修饰，都
特别考究。

　　按照传统的认识，一般女性都以一头如云的秀发为美，其
实也不尽然。比如，旧时满族女孩未成年之前，除头顶后部留一
撮头发，编结成辫盘于脑后外，其余头发全部剃光，直到成年

云想衣裳

云鬓花颜金步摇

才可蓄发。过去，拉祜族、德昂族和瑶族妇女都曾以剃光头为美。据说，云南双江境内乡村里的拉祜族已婚妇女剃光头的习俗来源于过去同男子一道狩猎，长发容易被动物抓住，于是将头发剃去，久而久之，光头成为美的标志。广东连山的瑶族少女，将额前、鬓角和后颈的头发剃光，头顶的头发蓄长挽髻，头顶四周则剪成一圈短发，在少数民族发型中非常奇特。

剃掉全部头发或剃掉部分头发，称为髡发。男子髡发现象较为多见。"三撮毛"，是德昂族男子的发型，系在头顶上留三撮短发，其余头发剃光。三撮头发的含义是，中间的那一撮是留给本命的，左右两撮分别是留给父母的。

自然披发，是最原始的发型。在人之初时，人们无不披发。《礼记·王制篇》《周书·突厥传》《新语书·南蛮传》等文献中均记载过古代少数民族长发披肩的现象。将自然长发剪割为短发，古称"断发"。甘肃秦安大地湾出土仰韶文化庙底沟时期人首形器口彩陶瓶，瓶口人头，前顶头发齐额，后面头发齐颈，说明 5000 年之前已存在断发式。今天仍然保留着披发型的少数民族尚有独龙族、佤族、珞巴族等。独龙族男女发型相同，系用两把砍刀割断头发，使发式呈前齐眉、侧齐耳、后齐肩的短发样式。佤族女子的披发，则是用藤箍或银箍勒在额上，将头发束于脑后，这主要是为了生活和劳动的方便。

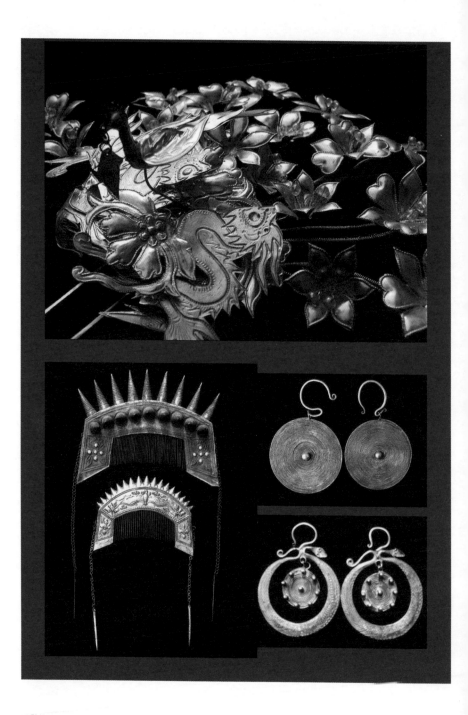

云鬓花颜金步摇

除了为数不多的髡发、披发，少数民族的发型主要有挽髻、编发等类型。

侗族女子用茶籽油调水洗发，因而头发护理得非常好，乌黑发亮，秀美动人。她们将长发挽出各式各样的发髻，并在发髻上插饰银梳、木梳或彩珠和小银饰，也喜欢用鲜花装饰发髻。侗族女子的发饰，被认为是少数民族中最漂亮的。"凤凰髻"是畲族妇女发型，是将长发束到脑后，用红绒线缠绕出长长的辫式，再弯至额前盘绕成螺旋形状的发髻，意指凤凰山是祖先发源之地，应永志不忘。被称为"独角苗"的苗族，女子都梳着一种锥状的犀角发髻，将一根20厘米左右的木锥置于额顶，再将头发紧紧缠绕在木锥上呈尖锥形，然后用红色头绳固定，其发髻如犀角直立于头顶。满族"两把头"，是满族已婚妇女的典型发饰。从后面看，其形状像一柄如意横在顶后，所以又叫"如意头"。由于这种发型限制了脖颈的随意扭动，走起路来尤显端庄高雅；在发髻上插上几朵鲜艳的花，又增添了几分艳丽和妩媚。瑶族则以发髻样式的不同而区分出不同的支系，比如，髻如螺旋耸于额前并覆以头布者，为"寨瑶"；戴梳于顶、绾以头发、弯曲有如扇面者，为"梳瑶"；头上插二尺许竹箭两根，分发两绺，左右盘髻于箭上，用锦巾覆盖者，为"箭杆瑶"，等等。

云鬓花颜金步摇

还有一些少数民族喜辫发。朝鲜族妇女喜梳一条长辫垂于脑后。裕固族未婚女子梳 5—7 条发辫，并在宽沿圆筒平顶帽上加一圈红色珠穗；已婚妇女则将头发梳成 3 条大辫，一条垂在背后，两条垂在胸前，并在辫子上佩戴缀有贵重珠宝的长条形牌面。维吾尔族女孩很小时就梳多根辫子，到少女时辫子可达数十根，婚后则改梳两条大辫，直到老年不改。藏族头饰的最大特点是男女都蓄长发梳辫，并戴各种饰物，以显示其富有和美丽。

少数民族的发型多姿多样，而依附于发式的种种饰物更加丰富多彩。

彝族男子头饰"天菩萨"，也称"指天刺"，是彝族传统头饰的特有习尚。男子在额前留一撮方块形头发，编成一两条小辫子，挽髻。发髻的外面以长至数丈的青布、蓝布包裹成美观的造型，错落有致，层层向上，在右前方扎成细长锥形，指向天空，一方面意味着彝族人对天的崇拜，一方面也代表了彝族蓬勃向上的精神。彝族女子的头饰更为繁多，未婚少女戴"鸡冠帽"就是一个特色。鸡冠帽是用布壳剪制成鸡冠的形状，绣上图案，再镶上大大小小上千颗银泡，并缀以红缨。传说很久以前，有一对相爱的年轻人被魔鬼抓住，小伙子被害，姑娘被关进地牢。一天深夜，姑娘冒死逃出，遇到一位老人。在老人的指点下，姑娘

带着老人送的一只雄鸡返回魔鬼驻地。听到雄鸡的叫声，魔鬼肝胆俱裂而死，小伙子得以死而复生。从此，雄鸡便为彝族所崇拜，姑娘们也戴起了鸡冠帽并流传至今。

毛南族的"顶卡花"也就是花竹帽，是毛南族妇女视为精美、珍贵的头饰品。走亲访友，田间劳作，帽不离身。防雨防晒，美化容颜，兼具实用与装饰两种功效。花竹帽是用当地特产的金竹和墨竹篾编织而成的，分里外两层，里层有12片主篾，360片分篾，纵横交错，编织出多层花边。表层由80片主篾和720片分篾交织而成，更为精细。帽顶编出几十个蜂窝眼，里层衬以油莎皮纸及花布，使蜂窝眼与周围花纹相映衬。再用长篾串紧边沿，就成了一顶精美的顶卡花。关于顶卡花，毛南山乡流传着一个动人的传说：很久以前，一个汉族小伙子流落到毛南山乡，与当地的毛南族姑娘相爱。小伙子用竹篾编制了一顶小竹帽给心爱的姑娘戴上，作为爱情的信物。姑娘戴上这顶小帽更显得妩媚动人，秀丽可爱。小伙子乐不思蜀，决心留在毛南山乡与姑娘共度人生。花竹帽就这样留传下来，成了爱情的象征和幸福生活的标志。

土族妇女的传统头饰种类繁多，式样别致，有"吐浑扭达"（形似圆饼）、"捺扭达"（也称三叉头）、"加斯扭达"等多种式样。现在，姑娘一般梳三根发辫，已婚妇女梳双辫，末梢用珊瑚、松石等饰物缀在一起，外戴织锦毡帽。颈戴海螺圆片镶成的"索尔项圈"，耳佩红珊瑚、绿宝石镶嵌的金、银、铜制耳环，下坠结穗五色珠。最讲究的是用五色瓷珠把银耳环串在一起，形成"上七下九"或"上五下七"的银耳坠，珠串长长地垂在胸前。

裕固族妇女的头饰别具特色。她们戴喇叭形红缨帽或用芨芨草编织的帽子。红缨缀在帽顶，帽檐上缝两道黑色丝条边，前沿平伸，后沿微翘。它是为纪念本民族的一位女英雄而设计的。妇女婚前婚后的头饰不一样，婚前，前额戴"格尧则依捏"，即在一条长红布带上缀各色珊瑚珠，底边用红、黄、白、绿、蓝五色的珊瑚及玉石小珠串成穗，垂挂前额。梳五条或七条辫子，把彩色丝绒线编在辫子里，扎在背后的腰带里。婚后戴长形的"头面"，即分左、右、后三个方位梳三条辫子，并系上镶有银牌、珊瑚、玛瑙、彩珠、贝壳等的饰物，每条"头面"分成三段，用金属环连接起来。除此之外，裕固族妇女还喜欢佩戴耳环、翡翠或玉石手镯及银戒指等。

壮族妇女的发式各地有所不同。广西龙胜一带的壮族小孩头发小时候剃光，戴上外婆送的银饰帽，长大留顶心发，青年女子顶留长发并扎以白布，插上银梳，四周剪成披衽，妇女一般用四尺黑布把头包起来；天峨一带的少女梳长辫，姑娘喜欢长发披肩，扎绣花头巾，少妇梳双辫，慢慢过渡成结髻，中老年发髻结于脑后；库连山一带的发型盘头、插簪，缠青色绸布。

哈尼族是一个比较完整地保留了原始古朴民风民俗的民族，"尖头式"就是哈尼族姑娘具有奇特风采的头饰。其程序为，先根据姑娘的头围将竹片做成头箍，套在包头上，然后穿上一串串角链、银泡、珠串、银币等，还可以随心所欲地插上飞禽羽毛、鲜花等。戴上这种帽顶高耸、装饰物奇特繁多的头饰，便意味着姑娘已经成年，可以谈情说爱了。小伙子看到姑娘戴上这种头饰，便会往姑娘的头饰上插豪猪刺。豪猪刺越多，姑娘们越感到骄傲。

居住在云南新平、元江两县的花腰傣，是傣族的一个分支，因少女们美丽的服饰而得名。花腰傣又分为几个分支，其中尤以

傣雅、傣洒女子的头饰最为华丽。傣雅少女的盛装打扮需要几个小时。先将长发梳成发髻，立于头顶中央，用一条折叠得非常规整的青布将发髻层层缠绕，再将一条绣花青布巾由头顶向耳朵两侧垂下，末端缀有缨穗，其外再包一块彩色头帕，从前额向后覆盖。如果做新娘，额前还要挂六块錾有吉祥图案的方形银牌，下沿坠有两层银响铃。傣洒少女在挽髻的中间要插十朵蘑菇状银花，髻上围一圈银泡，再将一条缀满细银泡、挂着银花蕾的饰带叠绕在发髻周围，髻后斜插一块绣有精美图案的布牌。小笠帽戴在发髻上，前面齐眉，后面高翘，充满了魅力。

鄂尔多斯蒙古族女子的头饰富丽堂皇，其顶部是彩丝绣制的发套，饰有珠玉宝石，发套下缀有珍珠串连成的发箍，发箍前是流苏，两侧有红色线穗，穗子和串珠的数目是相等的，而且左右也是对称的。

四川甘孜藏族男女的头饰也非常丰富。

当地有这样一首民歌：

> 我虽不是德格人，
>
> 德格装饰我知道，
>
> 德格装饰我要说：
>
> "头顶珊瑚宝光耀。"

我虽不是康定人，

康定装饰我知道，

康定装饰我要说：

"红丝发辫头上抛。"

我虽不是理塘人，

理塘装饰我知道，

理塘装饰我要说：

"大小银盘头上套。"

我虽不是巴塘人，

巴塘装饰我知道，

巴塘装饰我要说：

"银丝须子额上交。"

少数民族的头饰中，许多民族喜欢用银饰。而用银饰最盛的要数苗族。

2006 年，国务院公布了第一批国家级非物质文化遗产名录，我的家乡——贵州雷山县苗族银饰锻制技艺榜上有名。

苗族银饰有一个由兽皮、玉石、青铜、铁片护身向银饰发展的过程，带有浓厚的避邪秽、驱鬼蜮、保平安、存光明的寓意。随着社会的发展，银饰已经演变为比手巧、显美丽和炫耀富有的标志。

银饰，是苗族女子盛装的重要组成部分。苗族有一首民歌这样唱道：

仰阿莎要出嫁了，

仰阿莎要打扮了。

是哪个打手圈？

是哪个打项圈？

是哪个雕金花？

是哪个雕银花？

是凌公公打手圈，

是凌婆婆打项圈。

吊在悬崖上，

挂在藤条上，

支支白亮亮。

是霜公公雕金花，

是霜婆婆雕银花，

摆在广场上，

搁在草坪上，

朵朵亮晃晃。

仰阿莎才去打扮，

仰阿莎真是漂亮！

银冠，是苗族女子的主要头饰，由银马排头围、银片、银花、银雀、银凤等组成，周长 44—48 厘米，马饰带宽 16—18 厘米，为两层结构，固定成一块，两层间距离 4—8 厘米，里层无饰，上缘焊接 12 束长柄小花，每束有 5 朵，高出外层的花饰。外层小缘吊小铃铛，上连花朵和小草，和里层的花束相互组成花丛。正前方置一朵盛开的向日葵，犹如光芒四射的太阳。用银量达 1.5 公斤。银冠常与银角同时并用。银角是苗族女子着盛装时不可缺少的头饰之一，呈弓形，似水牛角，插在银冠上，高大醒目。银角用厚薄不一的银片制成，角长约 80 厘米，角面饰以龙、鱼、凤等吉祥图案。银梳也是苗族女子着盛装时必不可少的银饰，多插于发髻的后下方。

2005 年，为配合胡锦涛主席出访西班牙等国，文化部、国家民族事业委员会派出"多彩中华"展演团赴西班牙等国进行文化交流活动，去了安道尔公国。这是中安建交以来第一个到安道尔的中国官方艺术团体。那次，我们向安道尔赠送的礼品，就是苗族的银冠。

那盏银冠，至今摆在安道尔政府大厅最醒目的地方。

占尽人间春色

　　色彩，是服饰的要素之一，任何民族的任何服饰都不可能脱离色彩而独立存在，而色彩的价值就在服饰的具体运用中得到体现，表现出鲜活的生命力。

　　色彩间的奇妙搭配和变化，组成了多姿多彩、绚烂斑斓的世界。

　　各少数民族服饰均以斑斓的色彩著称于世。制作服饰时，在色彩的选取和运用上，各民族都有自己的好恶，这时色彩即以符号的形式与民族结合在一起传递着民族的一系列信息。

　　透过色彩，可以窥见各民族一定时期的社会风尚和精神风

貌，也可以反映出一个民族的民族意识、民族精神和民族性格，
同时也是一个民族审美观的具体再现。

我国云南省西南边疆，地处高黎贡山和怒山山脉延伸带，
境内澜沧江、怒江、大盈江纵贯，构成许多低山与河谷小盆地。
这里，自然风光秀美，夏无酷暑，冬无严寒，温暖湿润，气候宜人。一个历史悠久、文化灿烂、生活方式独特的民族——德昂族，就居住在这块美丽富饶的土地上。

我国史学界一般认为德昂族与佤、布朗等民族是古代云南"濮人"的后裔，唐宋时期称为"芒人""扑人"，元明时期称为"蒲人"，自清代起称为"崩龙"。崩龙分为"别列""汝买""汝波"三个支系，每个支系服装的颜色不同。从清代起，当地汉族人根据三个支系不同颜色的服装，将其分别称为"红崩龙""黑崩龙"和"花崩龙"。新中国成立后民族识别时继续沿用了"崩龙"名称，直到1985年才正式称为"德昂族"。"红崩龙""黑崩龙"和"花崩龙"的名称也分别由"红德昂""黑德昂""花德昂"所取代。

三个支系的服饰色彩的特点主要表现在妇女的筒裙上。"红德昂"筒裙横织着显著的红色线条；"黑德昂"筒裙上织几条深红色布带，其间又衬托着几条小白带；"花德昂"筒裙下摆镶有四条白带，带与带之间有16厘米左右的红布为间饰。

德昂族的服饰颜色，在这里起到了符号的作用——它代表了一个支系，并让人一目了然。

不仅是德昂族，其他的民族也有相似的情况。

苗族是一个人口众多的民族，同样也以服饰颜色为特征来区别出不同的支系，如"红苗""白苗""黑苗"等。"红苗"服饰一般以红色绣布为底，用白色、黄色对比鲜明的线刺绣，

云想衣裳

看上去堂皇耀眼；"白苗"主要以白色绣布为底，配以朱红、浅黄来增添温暖的气氛，也可以灰黑、蓝色等颜色，创造出一种脱俗清秀的画面；"黑苗"一般以黑紫色布料为多。

瑶族各支系服饰颜色也有所不同，并因此划分出几个不同的支系，让人仅从服饰的颜色即可判断其系属的名称。如广西南丹瑶族男子喜欢穿白色大裆裤，故得名"白裤瑶"；龙胜的瑶族喜欢穿红色绣花衣，被称之为"红瑶"等等。

还可以举出一些例子。比如，不同地域的黎族，对服饰的颜色有不同的选择，根据颜色可以判断出他们所居住的地区；居住在各地区的高山族，也都有自己特殊的颜色符号，人们可以根据颜色符号判断其居住地。这些，都是颜色符号发挥出的特殊作用的证明。

可见，一个民族的服饰色彩倾向，与居住地域、经济文化类型、周边环境等都有联系，是综合因素促成了民族的审美心理，最终导致了代表民族的颜色符号的出现。

许多少数民族都有本民族偏爱的颜色，喜欢以此为服饰的主色调，并蕴含着丰富的哲理与寓意。

我国的少数民族分布非常广，然而，在对色彩的使用上，许多不同的少数民族常常有着相同或相似的认识。

比如，许多少数民族都认为——

云想衣裳

洁白的颜色像乳汁、白云一样圣洁，象征着光明，象征着吉祥如意，也象征着真理、快乐和幸福。喜爱白色，体现了少数民族追求光明理想的强烈愿望和企盼吉祥如意的民族心理。

　　蓝色是天空的颜色，既象征着永恒、坚贞和忠诚，又象征着蓝天，具有安静的协调作用。

　　红色像火和太阳一样给人以温暖和愉快，象征太阳和太阳的光辉，象征着喜庆、吉祥，代表着人们的热情。

　　黄色是至高无上的皇权的象征，也象征着智慧，同时黄色为五谷，它代表金秋，给人以希望。

　　绿色代表草原和树木，代表生命，象征着春天和青春，象征着万物充满生机，表现了人们热爱生活、追求真理、创造幸福的美好心愿。

　　棕色是沙漠的颜色，广袤无比。

　　深绛色被看做福色，会给人带来幸福。

　　黑色象征大地和哀伤，能使人沉着冷静。

　　……

　　少数民族用色的寓意，反映了他们对生命的理解，富有浓郁的生活气息与深层的文化含义，使服饰颜色与民族文化有机地结合起来。少数民族服饰的颜色是与各民族文化休戚相关的，内涵丰富，寓意深刻，耐人寻味。

服饰颜色，还是民族心理、民族性格、民风民俗、地理环境的直接反映。

少数民族性格既有深沉含蓄的一面，也有热情奔放的一面。少数民族服饰喜欢以深色为主色调的用色习惯与其深沉、纯朴、含蓄、恬静的性格是吻合的。但少数民族性格中热情奔放的一面，又导致了少数民族喜欢以五彩缤纷的颜色，把服饰装扮得绚丽多姿，这一事实，反映了少数民族热情、乐观、积极向上的人生态度。

服饰颜色与少数民族生活的环境和气候有关。寒冷的气候及其造就的环境，把居住其间的人们的审美情思定位于暗色调上。但视美如生命的年轻人及妇女，为了使自己的生活多一点色彩，纷纷穿上鲜艳的服装。长期生活在山清水秀、气候宜人的环境中的民族，对青色、蓝色和绿色等自然之色具有特殊的爱好。南疆的自然景色清新悦目，自然色彩明朗活跃，万紫千红的大自然引导着南方一些少数民族把自己装扮得美丽如画，与自然融为一体，造成了服饰与环境和气候的和谐统一。

白族，主要分布在云南省各地。大部分人聚居在滇西大理白族自治州。

白族，仅从名称上感觉，便应该是一个尚白的民族。

关于白族服饰，有关古籍上即有记载："东有白蛮，丈夫妇

人以白缯为衣，下不过膝。"这是白族从古代起就喜着白色服饰的例证。

今天的白族，服饰颜色开朗、明快、跳跃，对比度强，但是其崇尚白色的习俗一直没有改变，常以白色或近于白色的浅绿、浅蓝为基调，清纯、淡雅。白族男子的服饰，头缠白色（或蓝色）头巾，身着白色的对襟衣和黑领褂，下穿白色（或蓝色）

长裤，足穿白布袜，浑身散发着清纯之气。白族妇女的服饰，大理一带亦多穿白色上衣，碧江白族妇女则喜欢头戴镶有海贝和白色草子的花圈帽。

生活在云南西北部的普米族，也是一个崇尚白色的民族。普米族自称"培米"，"培"意为白，"米"意为人，有"白人"的含义。普米族以"白色"为善，是普米人纯洁善良心地的外在体现。表现在服饰上，妇女衣裙皆以白色为美，但外套、坎肩、包头、腰带等又喜欢配以其他颜色，如黑色外套，褐色绣花坎肩，蓝布或黑布包头，红、黄、绿、蓝等彩色的腰带等。这些配套服饰给纯洁的白色增加了鲜活的生命力。

主要分布在四川的羌族，也有着崇尚白色的习性，并在服饰上得到了充分体现。羌族服饰，凡衣裤、头帕、鞋子等，皆喜欢用白色。在挑绣工艺中也多以白色为主，或在蓝布上挑白花，或以白布为底，挑绣蓝花或红花。

关于羌族崇尚白色，还有一个传说。相传很久以前，茂汶黑虎岩一带的羌寨遭到外族侵扰，一个勇敢机智的小伙子为了民族的利益献出了年轻的生命。人们为了怀念他，从头到脚均着白色素服，以示纪念。后来，其服饰也逐步演变为以白色为主。

生活在吉林延边地区的朝鲜族，素有"白衣民族"之称。男子的传统服装是白色或灰色的衣裤，外套黑或咖啡等色坎肩。

妇女平时多穿白衣、黑裙，老年妇女喜着素白衣裙，并习惯用白绒布包头。这种颜色倾向，是其民族含蓄、恬静的性格写照。

藏族也是一个崇尚白色的民族，在服饰上有诸多体现。藏族的白色崇拜是在自己的生存环境、劳动实践中逐步发展起来的。他们从雪山、冰川、白云、羊群、奶汁等认识了白色，于是，他们就有了白色的皮袄、毡衣以及帐篷。此外，西藏苯教思想中对含白色自然物、自然现象的敬畏，也影响到藏族的色彩观。久而久之，白色代替了神的形象。这样，我们也就可以理解了，在西藏神话中，为什么代表珠穆朗玛峰的女神全身白色，骑白狮；为什么格萨尔王会头戴白盔、身着白甲。尤其是藏传佛教吸收古印度崇尚白色传统，更加强了藏族对白色的崇拜。

我国少数民族服饰中的尚黑，与尚白一样，由来已久。

《晋书·四夷》中的"南蛮"一节，就提到林邑国少数民族喜着黑色衣服："人皆倮露徒跣，以黑色为美。"直到今天，许多少数民族的服装仍表现出尚黑的习俗。

拉祜族是居住于云南西南部的一个民族。《新唐书·南蛮传下》就曾记载了拉祜族先民的服饰特征："妇人衣黑缯，其长曳地。"

拉祜族男女服饰大都以黑布衬底，用彩线和花布缀上各种花边和图案，再嵌上亮丽的银泡。妇女喜欢穿开叉很高的黑长

占尽人间春色

袍，头上裹一条一丈多长的黑头巾，末端长长地垂及腰际，用黑布裹腿；男子也喜头裹黑色头巾。

阿昌族也是一个尚黑的民族。已婚男女与拉祜族男女相仿，喜用黑色头巾包头，梁河地区妇女的包头可高达 30 多厘米。男子多穿黑色对襟短上衣，黑色宽管长裤，头上插有红、绿色小绒球。姑娘们的主要服装是黑的，老年人则一年四季穿黑衣裤。

彝族早先曾有"黑彝""白彝"之分，"黑彝"为贵，"白彝"为贱。黑色在彝族是象征庄重、严肃、深沉，包含了高、大、深、广、多、密、强等意义。彝族人安放祖先灵位房间的墙壁也要用烟熏成黑色。黑色的骨头是一种赞扬的美语。

黑色除被用于社会生活的许多方面，同时也被用于服饰上。彝族男女服饰皆以黑色为主，早已为世人所知。

以上的几个民族服饰尚黑，主要原因与原始图腾有关。这几个民族自认为是虎的民族，其先民尊黑虎为图腾，自称黑人，居黑山，临黑水，世代相传，于是黑色便成为一种尊贵的色彩。彝族女子服装常以黑、青、蓝等深色布料为底色，再绣上红、黄、白色条纹，其实就是虎皮花纹的演变。这种装饰，已成为彝族妇女服饰固定的装饰之一。

壮族，是我国人口最多的少数民族，其族群结构复杂。其中有一个特殊的族群，崇尚黑色，以黑为美，并以黑色作为族群的标记，这就是"黑衣壮"。

黑衣壮大多聚居在桂西边陲广西那坡县山区，占全县壮族总人口的三分之一，有 5 万多人。这里交通闭塞，山高坡陡，土地贫瘠，自然环境比较恶劣。或许就是因为如此，黑衣壮的服饰至今仍然保留着最为传统也最具有民族特点的内涵。

黑衣壮的服饰，从头至足，全身上下皆为黑色。男子穿前襟上衣，以宽脚长裤相搭配，头缠厚重的黑布头巾，腰系一条红布或红绸。妇女无论老少，穿右襟、葫芦状圆领紧身短衣，下身搭配宽脚长裤，腰系黑布大围裙，头戴黑布大巾。

黑衣壮之所以崇尚黑色，有一个古老的传说。相传很久以前，该地区山林茂密，土肥草美，其祖先过着自给自足的生活。有一年，突然遭到外来人的侵犯，头领率众进行了顽强的抵抗，不幸负伤。在这种情况下，头领果断地指挥族人安全退却，自己则隐蔽在密林中。此时伤处开始肿胀，疼痛难忍。他随手从身边摘下一把野生蓝靛叶子，抓碎后敷于伤口。奇妙的是，这种野生蓝靛叶子很有疗效，头领很快恢复了健康，重上战场，最终击退了入侵之敌。后来，头领将蓝靛当做逢凶化吉的神物，号召族人种植蓝靛，用蓝靛染衣，族人一律穿上用蓝靛染制的黑布服装，"黑衣壮"也因此而得名。

少数民族服饰素以绚丽多姿、色彩斑斓享誉中外。鲜明的民族个性，独特的审美情操，都在服饰的色彩上得到了淋漓尽致的体现。

西双版纳是个风景如画的美丽地方，大自然的色彩格外明朗、浓烈。也许是多姿多彩、万紫千红的大自然给了傣族人民一些启示，傣族妇女服装在用色上表现得非常大胆，特别是小卜哨（少女），在自然中能够找到的颜色，几乎都被她们用在服饰上装扮自己。喜欢用绯色、粉红、白色、乳白、淡蓝、天蓝、淡黄或淡绿色衣料做成紧身衣，用正红、大紫、墨绿、大橙为主色调的花布、绸、缎做成筒裙，用红布、白布或蓝布缠头，束腰则选用青布。傣族人民的用色是独具匠心的，在整体花枝招展的前提下，拦腰来一点素雅，热烈的气氛中，一下就增添了一些深沉与思考。传统的衣、裙不采用同色，妇女们总能将衣裙的颜色搭配得恰到好处，美不胜收。

傈僳族服饰的用色倾向是深浅结合，搭配协调。男子衣衫多用浅色条纹或蓝色，青、蓝裤，白围裙，白护腿，缠青、蓝或红白二色头巾；妇女一般穿蓝白条等浅色上衣，外套青、蓝、红等深色坎肩，着青、蓝、红等深色条纹裙，也有穿黑色长裤的，缠青、蓝布包头。全身喜以红、白、黄、绿等色布镶饰，色彩对比强烈，鲜艳明快，反映了傈僳族人民热情、乐观、积极

向上的人生态度。

　　裕固族喜欢鲜艳的颜色，男女皆戴红缨帽，系比较艳丽的红、蓝腰带。妇女的衣服以绿色或蓝色布料为主，坎肩以大红、桃红、翠绿、翠蓝色的缎子制作，系红、绿、紫色腰带。无论男服、女服，都喜欢用红、蓝、绿等颜色。在纯色基调的基础上，又繁衍出桃红、翠绿、翠蓝等颜色，体现了这个民族孜孜不倦地追求美的精神。

　　基诺族的男子服饰颜色以原色为主，是尊重自然的心态表露。间或以黑、红、蓝色条点缀。男子穿白色或蓝色肥裤，裹白绑腿，包青布或白布头帕。白色上衣的前襟和袖管上缀饰红、蓝色或红、黑色花条。妇女服饰的颜色既漂亮又别致。女子习穿蓝、红、黄花条或白色上衣，袖笼以上用蓝或黑两色镶饰花纹，袖笼以下用各色宽窄不同的花条纹装饰，有的以红、赭、灰为主调，有的以蓝、绿、紫为主调。在众多的色彩中间往往加进宽窄不同的黑、白中性颜色，使整个服装显得华丽而又协调。红布镶边的黑色短裙，和肩头浓重的黑、蓝色相映衬，使中间部位的条式花纹更加鲜明，美观大方。妇女戴黑、红色条纹或白布帽。挎红、赭、蓝为图案主色的挂包。

由于畲族人长期生活在山清水秀、气候宜人的环境中，对自然之青色、蓝色和绿色具有特殊的爱好。男子日常服装一般以青色、蓝色为主，扎头帕也多为黑色。妇女服饰颜色除此之外，还选用红、黄、黑色。从颜色的组合看，红绿色是主色调，大红、桃红和黄色只用作刺绣装饰用。特殊场合对服饰的颜色有特殊的要求，畲族男子的结婚礼服主要是红顶黑缎官帽，青布长衫。祭祖时须穿红色长衫，他们认为，红色代表福色，祖宗给后人带来了福气，应用此颜色祭祀祖宗，这是与其他民族迥然不同的，是民族群体特殊心理的反映。

各少数民族对色彩搭配都比较讲究，总能做到深浅结合、浓淡相宜，与居住的环境、气候结合得天衣无缝，艺术性与技巧性都达到了炉火纯青的地步，是民族服装具有生命力的奥妙所在。

『幽雅阅读』丛书

策划人语

因台湾大学王晓波教授而认识了台湾问津堂书局的老板方守仁先生，那是 2003 年初。听王晓波教授讲，方守仁先生每年都要资助刊物《海峡评论》，我对方先生顿生敬意。当方先生在大陆的合作伙伴姜先生提出问津堂想在大陆开辟出版事业，希望我能帮忙时，虽自知能力和水平有限，但我还是很爽快地答应了。我同姜先生谈了大陆图书市场过剩与需求同时并存的现状，根据问津堂出版图书的特点，建议他们在大陆做成长着的中产阶级、知识分子、文化人等图书市场。很快姜先生拿来一本问津堂在台湾出版的并已成为台湾大学生学习大学国文课的必读参考书——《有趣的中国字》(即"幽雅阅读"丛书中的《水远山长：汉字清幽的意境》)一书，他希望以此书作为问津堂出版社问津大陆图书市场的敲门砖。《有趣的中国字》是一本非常有品位的书，堪称精品之作。但是我认为一本书市场冲击力不够大，最好开发出系列产品。一来，线性产品易做成品牌；二来，产品互相影响，可尽可能地实现销售的最大化，如果策划和营销到位，不仅可以做成品牌，而且可以做成名牌。姜先生非常赞同，希望我来帮忙策划。这样在 2003 年初夏，我做好了"优雅阅读""典雅生活""闲雅休憩"三个系列图书的策划案。期间，有几家出版社都希望得到《有趣的中国字》一书的大陆的出版发行权，方先生最终把这本书交给了我。这时我已从市场部调到基础教育出版中心，2004 年夏，我将并不属于我所在的编辑室选题方向的"幽雅阅读"丛书报了出版计划，室主任周雁翎对我网开一面，正是在他的大力支持下，这套书得以在北大出版社出版。

感谢丛书的作者，在教学和科研任务非常繁重的情况下，成全我的策划。我很幸运，每当我的不同策划完成付诸实施时，总会有一批有理想、有追求、有境界，生命状态异常饱满的学者支持我，帮助我。也正是由于他们的辛勤工作，才使这套美丽的图文书按计划问世。

感谢吴志攀副校长在百忙之中为此套丛书作序并提议将"优雅"改为"幽雅"。吴校长在读完"幽雅阅读"丛书时近午夜，他给我打电话说："我好久没有读过这样的书了，读完之后我的心是如此之静……"在那一刻我深深地感觉到了一位法学家的人文情怀。

　　我们平凡但可以崇高，我们世俗但可以高尚。做人要有一点境界、一点胸怀；做事要有一点理念、一点追求；生活要有一点品位、一点情调。宽容而不失原则，优雅而又谦和，过一种有韵味的生活。这是出版此套书的初衷。

杨书澜

2005 年 7 月 3 日